제주
자연주의
셰프
김은영의

김은영 지음

All
about

템페
레시피

제주 자연주의 셰프 김은영의

All About 템페 레시피

2023년 11월 15일 · 초판 1쇄 인쇄
2023년 11월 20일 · 초판 1쇄 발행

지은이 | 김은영
펴낸이 | 김은영
편집 · 디자인 | 이마고(@imago_jejuarchive)
마케팅 및 유통 | 도서출판더테라스(010-2731-5683)

펴낸곳 | 김은영템페연구소
주 소 | 제주특별자치도 제주시 조천읍 선흘남4길 22
전 화 | 070-7722-2200
E-mail | jeju.tempe@gmail.com

© 김은영 2023

정가 19,800원
ISBN 979-11-979568-7-4

＊ 잘못된 책은 바꿔드립니다 (문의 010-2731-5683)

제주
자연주의
셰프
김은영의

All About
템페 레시피

프롤로그

음식 만드는 일이 업이 되자 언제부터인가 내 안에서 한 가지
질문이 늘 따라다녔다. '어떤 음식을 만드는 사람이 될 것인가.'
좋은 재료는 향과 색, 맛, 성질, 영양성분 등 저마다 다른
에너지를 담고 있다. 불을 다루는 조리법까지 더해지면 요리는
마치 연금술과 같다. 재료의 본질과 특성을 오감으로 느끼며
요리를 배웠다. 자연스럽게 나고 자란 제주의 좋은 작물과 그
기원을 연구하게 되었다. 산과 바다, 들과 밭이 조화로운 제주.
제주에서 자라는 작물로 건강한 음식을 만드는 게 시간이
지날수록 소명처럼 느껴졌다.
자연스레 제주의 콩이 내 관심 대상이 되었다. 제주에는 훌륭한
작물이 많지만 가장 유명한 것 중의 하나가 콩이기 때문이었다.
전국에서 생산되는 콩나물의 80%는 제주산 콩으로 만든다.
익히지 않은 상태로 콩을 먹으면 소화가 안 되므로 동양에서는
발효과정을 거친 다양한 콩의 조리법이 생겼다. 발효된 콩은
오래 보관할 수 있고 소화가 잘되어 건강에 좋다. 한국은 된장,
간장, 청국장 같은 콩 발효 음식이 있고 일본은 미소, 낫또
그리고 인도네시아에는 템페가 있다.
템페는 우리나라에서 생소한 콩 발효음식이다. 템페의 원류인

인도네시아는 템페무브먼트를 설립해 템페의 가치를 세계에 알리고 있다. 서양에서 템페가 연구된 지는 50년이 넘었고 일본에서도 40년 가까이 되었다. 한국은 최근 채식주의자들을 통해 알려지기 시작했다. NGI 자연주의 음식학교의 교육과정을 통해 템페가 매력적인 단백질 제공 식품 재료라는 것을 알게 됐다. 유학을 마치고 제주로 돌아와 템페를 만들기 시작했다. 템페를 처음 접한 사람도 템페의 새로운 맛을 흥미로워했다. 다양한 긍정적 반응을 보며 템페를 적극적으로 알려야겠다고 생각했다.

한라산이 보이는 터에 템페가 만들어질 공간이 한창 공사 중이다. 따뜻한 봄날이 되면 이곳에서 콩을 불리고, 삶고, 템페를 만들어 사람들과 나눌 것이다. 용기 내어 세상에 템페 이야기를 내놓는다. 음식학교 수업 중 사진을 찍어대며 절박하게 기록하고 공부했던 시간이 있었기에 가능했고 도움 준 분들이 있었기에 책으로 엮을 수 있었다. 이 책이 많은 사람에게 템페의 매력과 맛을 경험하는 통로가 되길 바란다. 나아가 우리가 사는 환경이 치유되고 회복되길 소망한다.

2023년 1월
김은영

CONTENTS

Part 4. Tempe Recipes

Tempe Story

결심

50을 넘긴 중년 여성 네 명이 타로카드가 놓인 테이블에
둘러앉았다. 그즈음 우리는 인생 후반을 어떻게 살 것인지
고민하고 있었다. 넷 중 둘은 몇 해 전 이혼했고 다른 둘은 가족
밖으로 나와 오롯이 나로 서기로 막 결심한 참이었다. 회사를
그만두고 필라테스 공부를 위해 영국 유학을 결정한 친구,
임원 자리에서 퇴직하고 지난 삶을 회고하던 친구, 정치에
입문하겠다는 친구, 요리학교로 유학을 결정한 나. 이렇게
넷이었다.

우리의 결정이 훗날 어떤 의미가 될지 타로에게 물었다. 이미
결심했음에도 미래에 대한 불안은 어쩔 수 없나 보다. 각자
선택한 카드를 서로 읽어줬다. 애쓰며 살아낸 지난 시간들을
은유하는 그림을 읽어주며 지금의 선택이 옳은 선택이 되길
바랐다. 중년의 나이에 일궈낸 것을 두고 떠날 용기를 내는 게
쉽지 않음을 알기에 우리는 서로 행운을 빌어줬다.

결혼 후 30여 년간 나는 아내, 엄마였다. 그건 내가 맡은 역할에
불과했고 아내, 엄마를 뺀 내 자리는 협소했다. 내 자리를 찾기
위해 가족이라는 견고한 울타리 밖으로 나왔다. 우연한 기회로
퓨전 음식을 배우기 시작했다. 괴산 문성희 선생의 평화밥상으로
들어가 음식 강좌에 참여했다. 그렇게 시작한 요리는 여기저기서
불러주는 사람들 덕에 자연스레 업이 되었다. 대단한 돈벌이는
아니었지만 일이 생기면 그렇게 기뻤다. 어느 날 프랑스
영화제 오프닝 음식을 준비하다 깨달았다. 음식 재료를
조합하여 요리하는 게 그림 그리는 것과 똑같다는 걸. 대학에서
시각디자인을 배우며 느꼈던 창작의 기쁨을 요리하면서 느꼈다.

요리는 언제나 즐거웠지만 마음속에 하나둘 질문이 생겼다.
'퓨전 음식은 족보가 없는 음식인가?', '재료를 다루는 다른
방법이 있을까?' 같은 질문. 애쓰지 않아도 되는 나이가
됐지만 내 안에 쌓이는 질문들의 답을 찾고 싶었다. 혼자 답을
찾기엔 역부족이었다. 체계적인 배움을 받고 싶었다. 친구들은
조직 안에서 사회 경험이 축적됐지만 나는 아내로, 엄마로 나를
지우며 살아왔다. 더 늦기 전에 배우고 싶었다. 하고 싶은 것
앞에서 오래 주저하다 내린 결정이었다.

제주프랑스영화제
오프닝 음식

뉴요커

어떤 공부를 어디서 해야 할까? 국내외 여기저기 알아봐도
마땅한 곳이 없었다. 내가 원하는 요리는 프렌치나 이탈리안
같은 특정 나라의 음식보다 음식 재료 연구에 중점을 둔
공부였다. 회사를 그만두고 이탈리아 미식과학대학에 유학한
뒤 사찰음식 연구소에서 일하는 후배에게 고민을 털어놓았다.
"언니, 내가 돈이 있다면 가고픈 학교가 있어요!" 기다렸다는
듯이 추천을 해준 곳이 뉴욕에 있는 자연주의 요리학교 Natural
Gourmet Institute(NGI)였다.

유학을 결심하고 얼마 되지 않아 나는 뉴욕행 비행기에 타고
있었다. 별안간 뉴욕이었다. 내가 원하고 선택해서 온 곳임에도
낯선 별에 떨어진 기분이 드는 건 어쩔 수 없었다. 뉴욕에 온 지
열흘도 안 된 사이 여러 일을 겪었다. 지하철 티켓을 발행하는
기계 앞에서 정기권을 살 때 일이었다. 정기권을 구매할 때
우편번호를 등록해야 한다는 것을 몰라 당황하는 사이 어디서
나타난 친절한 흑인이 도와주겠다며 말을 걸어왔다. 기계
안에 꽂혀 있는 내 신용카드로 자신의 지하철 카드 여러 장을
충전하고 사라지는데도 그게 무슨 일인지 바로 알아차리지
못했다. 너무 순식간이라 존경심이 들 지경이었다.
경찰은 내 옆에 서 있었는데도 그건 네 책임이라는 듯이
멀뚱하게 날 쳐다봤다. 아마 한국이라면 경찰이 뛰어가 그
사람을 잡아주지 않았을까? 뉴욕 경찰은 도둑을 잡아주진
않았지만 그중 한 명이 은행에 가보라고 했다. 다행히 유니언
스퀘어 씨티은행에 한국인 직원이 있어 신고하고 지급정지를
할 수 있었다. 직원은 자신의 이모 나이 정도 되어 보이는 내가

걱정됐는지 다음에 문제가 생기면 카드회사에 전화해서 한국어 통역을 요청할 권리가 있다고 알려 주었다. 한국 정서가 통하지 않는 먼 타지에 와 있다는 걸 뼈저리게 알았다.

그 후 지갑이 어디 있는지, 지하철 티켓은 제대로 들어 있는지, 들고 있는 짐은 몇 개인지 늘 긴장한 채로 확인했다. 귀국 후 찾아온 지독한 오십견은 그때의 긴장감에서 시작된 것이리라. 타지에서 나만이 나를 보호할 수 있다는 건 고독했지만, 동시에 삶의 중심축이 온전히 나로 이동하고 있음을 몸소 느꼈다. 나를 삼인칭 시점으로 바라보고 응원하고 사랑하게 되었다. 어떤 희열을 느꼈다. 용맹정진 중의 수행자처럼 고독한 시간 속에서 습관에 물든 내 의식을 낱낱이 마주했다. 날이 지날수록 차곡차곡 여유가 생기고 보이지 않던 것들이 보이기 시작했다. 어느 날, 모든 것에 서툰 아이가 된 기분으로 맨해튼의 높은 빌딩 사이를 걷다가 초등학교 입학 후 매사가 서툴러 보이던 딸의 얼굴이 생각났다. 잘 적응하라고 딸을 채근했던 일과 나의 채근에 아무 말도 못 하고 눈물만 뚝뚝 흘리던 딸아이의 큰 눈이 생각나서 뒤늦게 가슴 아프도록 미안해졌다. 왜 그때 많이 사랑해주지 못했을까. 왜 사랑은 늘 늦는 걸까.

뉴욕 맨해튼에 있는 Caffe Reggio는 미국에 카푸치노를
처음 소개한 장소로 1927년부터 사용한 에스프레소
기계를 보관하고 있는 유서 깊은 카페이다.

오래된 뉴욕 1

친구가 추천해준 Caffe Reggio에 갔다. 카페 입구는 밝은
초록색 페인트가 칠해져 있어 정겨웠다. 마지막 남은 작은
라운드 테이블에 앉았다. 메뉴판에 쓰여 있는 '미합중국에
카푸치노를 처음 소개한 것을 자랑스럽게 생각합니다. 1927년
부터 사용하던 에스프레소 기계를 보관하고 있는 유서 깊은
장소……'로 시작하는 안내문을 잠깐 읽으며 언 몸을 녹였다.
넓지 않은 고풍스러운 공간에 앤티크 가구들이 주는 분위기는
따뜻했다. 유명한 곳인데도 가격이 저렴한 편이었다. 가난한
유학생 신분으로 소박한 행복을 누리던 순간은 지금 생각해도
애틋하다. 맨해튼에 있는 카페는 실내 공간이 넓지 않다. 중앙
대형 테이블 하나를 여럿이 공유하거나, 앉을 자리가 없는 곳이
대부분이다. 지체하지 말고 자리를 비워줘야 하나? 소음 가득한
풍경 속 사람들을 찬찬히 살펴봤다. 둘러보니 서너 명이 나처럼
혼자 앉아 있었다. 다행이었다.

한눈에 보기에도 여행객인 백인 청년이 좁은 테이블 사이에
커다란 배낭을 세워 놓고 작은 공책에 글을 쓰고 있었고 어떤
사람은 노트북을 펼치고 있었으니 나도 마음 편히 앉아 있기로
했다. 굳이 그런 걱정을 하지 않아도 서빙하는 사람들의
눈빛과 표정이 얼마나 상냥한지! 아마도 맨해튼 한복판에서
이 따뜻함에 끌려 많은 사람이 오는 것이 아닐까 생각했다.
건너편에 앉은 사람들이 몇 번 바뀔 때까지 노트와 책을 꺼내 글
쓰고 책 읽으며 편히 쉬었다. 쌀쌀한 날씨 속 이곳저곳 누비고
다녀서인지 따끈한 카푸치노가 참 맛있었다. 전통이 있는 음식은
기본에 충실한 맛을 갖고 있다. 여러 가지 디저트를 시켰는데

"이 장소가 너무 좋아서 또 올 거 같아요! 같이 사진 한 장 찍어도 될까요?"

"저도 여기서 일하는 게 좋아요!"

살짝 배가 고픈 터라 남은 케이크를 포장해달라고 부탁하고
오늘의 수프를 시켰다. 맛있는 그루통이 얹어진 완두 수프였다.
천천히 카페를 구경했다. 16세기 말 카라바지오 미술학교의
작품들이 걸려 있다. 그림 옆에는 그리니치빌리지와
이스트빌리지 그리고 노호의 건축유산과 문화사를 보존하기
위해 1980년에 설립된 시민단체 그리니치 시민 소사이어티에서
이 카페에 준 영예의 상이 있다. 숨은 가치를 알아보는 사람들이
전통을 지켜나간다. 그것이 도시의 정신이라고 믿는다.
공간이 건네는 감정이 있다. Caffe Reggio에서 '환대'가 어떤
것인지 알았다. 평소보다 많은 팁을 영수증에 쓴 뒤 계산하며 "이
장소가 너무 좋아서 또 올 거 같아요! 같이 사진 한 장 찍어도
될까요?"라고 부탁했다. "저도 여기서 일하는 게 좋아요!"
그녀의 대답 뒤 우리는 마주 보고 웃었다. 슬쩍 보니 그녀는
내가 남긴 케이크가 아닌 온전한 치즈케이크를 포장해 주었다.
카페 밖을 나와 지하철역으로 내려오니 한 노숙자가 음식을
찾느라 느릿느릿 쓰레기통을 뒤지고 있었다. 카페에서 포장한
치즈케이크를 내어 드렸다. 나는 삶을 지속할 만큼 행복했고, 이
순간 배고픈 그 사람도 행복하길 바랐다.

퓨전은 과거에 현재가 더해진다는 말이다.
뜬금없이 나타났다 사라지는 가벼운 게 아니다.
뉴욕은 과거와 현재의 겹침이 들여다보이는
곳이었다. 전통 옆으로 유행이 흐르는 도시랄까?

오래된 뉴욕 2

개학을 일주일 앞두고 뉴욕에 와서 유니폼 맞추고 집 구하며
정신없이 지내다 보니 몇 달 여유를 갖고 단기 영어 학교에
다니며 적응한 다음 학교에 다녔었더라면 좋았을걸. 아쉬웠다.
음식을 배우겠다고 왔지만 대도시 뉴욕에서 무엇을 보고 배울
수 있을까 고민됐다. 이 도시에서 본 건 많은데 무엇을 봤는지
모를 수 있겠다는 생각에 이르렀다. 꼬리에 꼬리를 무는 생각은
선택을 후회로 바꾸는 일이기에 바보 같은 생각을 그만뒀다.
후배를 통해 알게 된 S를 만나기로 했다. 그녀는 몇 년째 맨해튼
이민자 음식에 대한 인식의 흐름을 주제로 인류학 논문을 쓰고
있었다. 뉴욕에 사는 동안 도대체 무엇을 보고 다녀야 할지 묻는
나에게 뉴욕 곳곳에 있는 100년 넘은 가게를 가봐야 한다며
그녀가 데리고 간 곳은 게이 문화로 유명한 그리니치 빌리지,
크리스토퍼 거리에 있는 차(tea) 가게였다.
McNulty's Tea & Coffee. 카페 외관이 초록색으로 칠해진 오래된
가게였다. Caffe Reggio도 초록색이었는데 당시 유행하던 컬러인
듯하다. 126년 동안 세계 곳곳에서 들여온 고급 차와 커피를
파는 가게로 가게 직원이었던 윙 형제가 1980년에 주인에게
가게를 매입했다. 지금은 윙 부자가 운영 중이다. 내부 구조는
물론 쓰던 기구들도 그대로 두는 듯했다. 처음의 것 그대로
유지하는 게 쉬운 일은 아닐 것이다. 윙 부자는 주변에 스타벅스
리저브 로스터리 카페가 생겨도 매출 걱정은 하지 않는단다.
오히려 고급 커피에 대한 수요가 늘어서 좋다고 했다. 윙 부자의
손님을 대하는 친절한 태도와 느긋하고 편안한 표정이 좋았다.
S가 커피콩을 사는 동안 가게를 둘러봤다. 빽빽한 진열대 사이

McNulty's Tea &
Coffee. 126년 동안
세계 곳곳에서 들여온
고급 차와 커피를
파는 가게로 가게
직원이었던 윙 형제가
1980년에 주인에게
가게를 매입했다.
지금은 윙 부자가 운영
중이다.

좁은 공간을 돌 때마다 가게만큼 오래된 금빛 저울, 차를 담는
낡은 틴과 유리병, 커피 포대가 눈에 들어왔다. 나무 선반 한쪽에
한국 인삼차 상자가 놓인 것을 보고 아무도 모르게 조용히
호들갑 떨었다. 엄선해 들여온다는 차의 이름표를 찬찬히
읽어보니 대부분 블렌딩 차였다. 126년 전통도 시대의 변화 속에
어쩔 수 없이 유행 따라 커피와 블렌딩 차를 팔아야 하는 씁쓸한
생각을 살짝 하게 되었다.
내 걱정을 눈치챈 S는 "애비뉴와 스트리트 사이 블록 블록에
저마다 다른 스토리가 있어요."라고 했다. 그녀의 조언은 유학
생활의 키가 되었다. 퓨전은 과거에 현재가 더해진다는 말이다.
뜬금없이 나타났다 사라지는 가벼운 게 아니다. 뉴욕은 과거와
현재의 겹침이 들여다보이는 곳이었다. 전통 옆으로 유행이
흐르는 도시랄까? 지금도 McNulty's Tea & Coffee의 티를 우릴
때면 생각한다. 추억은 물건을 타고 오는구나. 그리운 뉴욕의
길거리. 고맙고 그리운 사람들.

허브. 스파이스. 양념.

내가 살던 우드사이드 지역에서 쓰는 언어가 800종쯤 된다고
한다. 학교 가는 지하철에서 가만히 들어보면 지하철 한 칸에서
들리는 언어만 예닐곱 가지가 넘는다. 승객이 많은 날은 더 많은
언어가 한 공간에서 오가는 날도 있을 것이다. 같은 언어를 쓰는
사람들끼리 모여 이야기를 나누거나 각자 모국어로 통화하는
모습이 낯설고 재밌게 느껴졌다.

우드사이드에서 몇 정거장 걸어 들어가면 히스패닉이 많이
거주하는 동네가 있다. 중남미에서 들여온 재료로 빵을 만들어
파는 작은 남미 빵집들이 여럿 있었다. 콜롬비안 빵집에서
만드는 빵이 싸고 맛있었다. 밀이나 옥수수 가루, 치즈도
자국에서 들여온다고 했는데 남미 치즈는 유럽의 치즈와 다른
고소함이 있었다. 이런 가게들은 입구에 현금만 받는다고
당당하게 붙여 놓는다. ATM 서비스 비용을 아끼느라 늘 지갑에
현금이 별로 없었는데, 주머니 탈탈 털어 나온 돈 만큼의
엠빠나다 몇 개를 사서 빵을 먹으며 지하철 한 정거장 거리를
걸었다.

지하철을 타고 맨해튼에서 먼 방향으로 가면 여기가 멕시코인가
싶은 구역이 나온다. 식료품점 안에는 그들이 먹는 고추가
종류별로 가득했다. 한국 사람들이 고추를 많이 먹는다고 하지만
멕시칸들이 먹는 고추는 매운맛의 성질 분류가 있을 정도로
다양하다. 그런 재료들로 만든 정통 타코를 길거리에서 쉽게 사
먹을 수 있었다. 어깨에 메거나 끌고 다니는 통에 타코를 담아
팔았다. 마치 성지순례자처럼 정통의 맛을 찾아 골목과 길가를
기웃거렸다. 구글 지도에 평점은 없지만 현지인들이 많이 가는

레스토랑 중 냄새와 분위기로 무작정 들어갔다. 뭔지도 모르는
음식을 시켜 먹을 때 이민자의 고단함도 함께 스며들었다.
식사를 마치고 근처에 있는 멕시칸 식료품이 가득한 대형마트에
갔다. 이곳은 나의 놀이터였다. 각 칸을 돌아보며 사진으로만
알던 재료들을 만져보고, 냄새 맡고, 사진 찍고. 반나절 즐거운
멕시코 여행이었다.
음식 재료에 맞는 허브와 스파이스를 추천해주고 조리법도
알려주는 가게가 있다고 해서 찾아갔다. SOS Chef. 컬트무비
같은 이름을 가진 이곳에 전 세계 모든 향신료와 발효 식품이
모여 있다. 질 좋은 제품만 들여온다고 한다. 가격은 비쌌지만
직접 식초를 빚고 재료를 발굴하는 주인의 장인정신이 가게에
고스란히 묻어 있었다. 손님에게 맞는 스파이스를 추천해주는
모습을 보면 가게가 아니라 연구소 같았다. 세계적인 셰프들이
운영하는 레스토랑들이 많은 뉴욕답게 각 대륙의 음식 재료가 다
있는 듯했다. '이게 있다면 모든 게 다 있는 거지!'라고 생각하며
산초 가루를 찾았다. 아주 질 좋은 것이었다.
양념은 맛을 돕기 위해 쓰는 재료의 총칭이다. 서양요리에서는
허브와 스파이스로 나눈다. 허브는 약 성분이 있고 향기가 있는
식물의 잎을 말한다. 생으로 쓸 때도 있고 건조된 것을 쓸 때도
있다. 스파이스는 허브보다 더 강렬한 맛을 내는 뿌리나 줄기,
씨앗 열매를 말린 것을 말한다. 우리가 쓰는 양념이란 말의
어원은 소금에서 왔다. 어느 나라의 음식이라도 맛을 만들어내는
첫 단계는 소금으로 간을 맞추는 것이다. 거기에 나라마다 다른
양념이 더해져 같은 재료라도 맛과 향이 다른 수많은 변주곡이
탄생한다. 조미료를 condiment라고 한다. 레스토랑 식탁 위에
어떤 condiment가 있는지만 봐도 어떤 나라 음식인지 알
수 있다. 식탁 위 양념들의 하모니! 오늘은 블루스? 엘레지?
교향악? 세레나데? 당신의 식사 자리가 늘 좋은 음악과 같기를!

멕시칸 거리의 타코 노점과 타말레와
삶은 콩이 들어간 타코.

SOS Chef. 진열장에 가득 놓인 허브와 직접
빚는 식초들. 각각의 요리에 어울리는 맛을
추천해주고 덜어서 팔아 준다.

멜팅 팟(Melting Pot)과
샐러드 보울(Salad Bowl)

관광객이 아닌 내 눈에 비친 맨해튼의 일상은 찬란하고 동시에
쓸쓸해 보였다. 연간 6,000만 명이 넘는 관광객, 800만 거주민이
넘실거리는 뉴욕은 미국의 많은 도시 중에서도 이민자들의
문화가 도식적으로 구분되고 또 동시에 뒤섞이는 이민자의
도시이다. 이를 일컫는 두 가지 비유가 멜팅 팟(Melting Pot)과
샐러드 보울(Salad Bowl)이다.

지하철을 타고 업타운에서 미드타운과 다운타운을 거쳐
브루클린까지 내려가면 지역에 따라 지하철 안 사람들의 국적이
달라진다. 지하철이 마치 하나의 긴 지구 같다. 맨해튼은 국가나
인종별로 특정한 구역에 공동체가 형성되어 있다. 브루클린의
크라운 하이츠와 플랫부쉬에는 아프리칸과 카라비안계가,
퀸즈의 플러싱에는 한국인들을 비롯한 아시아인이, 어퍼 이스트
사이드 쪽에는 주로 백인들이 거주한다. 이민자들의 문화가
서로 섞이며 미국 문화를 만들어 가는 것인가? 아니면 각기 다른
이민자 문화가 여전히 그들의 문화적 정체성을 유지하는가? 이
질문을 상징하는 것이 '멜팅 팟'과 '샐러드 보울'이다. 녹는 게
있고 남는 게 있다는 뜻이다. 신기하게도 음식과 관련된 비유다.
이 명제는 퓨전 음식에 대한 질문이기도 하다.

한국 음식에 원래부터 된장국이 있고 김치찌개가 있던 게
아니다. 18세기 실학자 서유구 선생님이 쓴 조선시대 조리서
〈정조지〉를 보면 우리나라에 고춧가루와 고구마가 들어온
시기는 300년이 넘지 않았다. 제주에는 60~70년 전까지도 고추
생산이 되지 않아 빨간 김치를 담가 먹는 집이 드물었다고 한다.

맨해튼에 온 지
며칠 되지 않은
하굣길 34번가
지하철역에서 'With
arms wide open'
노래를 부르는
로커를 만났을
땐 온몸에 전율이
흘렀다.

돼지를 푹 삶아 탕을 끓이고 증류주를 만드는 문화는 고려시대
제주에 들어왔던 몽골 사람들의 영향을 받은 것이라고 한다.
시간의 냄비 안에서는 늘 퓨전이 일어난다. 필연적인 퓨전은
남고 아닌 것은 사라질 것이다.
지하철 역사 안에는 늘 버스킹 하는 예술가들이 있다. 악기
케이스를 앞에 두고 있어 오가는 사람들이 편하게 듣고 감동한
만큼 돈을 넣는다. 평일 아침 출근길에는 첼로 선율이 들리기도
하고 늦은 오후에는 기타 연주가 울려 퍼진다. 집으로 가는
지하철을 기다리며 기타 연주를 듣다 기차를 두 대나 보내기도
했다. 음식도 버스킹도 수많은 변주곡을 만드는 맨해튼. 나를
위로해 주는 선율 속에 안겨 잠시 안도하던 순간이었다.

정식 명칭인 NGIHCA(Natural Gourmet Institute For Health
Culinary Arts)는 1977년 안나마리 박사에 의해 설립되었다.
건강한 음식을 만드는 요리학교가 필요하다는 깨달음으로
자신의 집에서 예닐곱 명 학생들과 시작한 수업이 자연주의
요리학교로 성장했고 1987년 자연주의 전문 요리사 훈련
프로그램이 탄생 했다.

NGI 자연주의 요리는 안나마리 콜빈 박사의 〈음식 선택을 위한
7가지 기준〉에 기초를 둔다. 첫째 되도록 자연 재료 전체를, 둘째
제철 생산된 것으로, 셋째 가까운 지역 생산물 위주로, 넷째
전통적이고, 다섯 번째 균형에 맞게, 여섯 번째 선하고, 일곱 번째
건강에 좋고 맛있는 음식을 준비함으로써 몸과 마음을 건강하게
만든다는 7가지 기준이다. 이는 한국 사찰음식 철학과 다르지
않다.

현재까지 NGI 프로그램을 배운 학생은 33개국 2,600여 명이다.
교육 철학은 개인과 공동체가 음식을 통해 각자의 건강과 복지를
책임질 수 있도록 하고 우리가 소비하는 것이 지구의 지속
가능한 생산 시스템 안에 있는지 생각하게 한다는 데 있다. 많은
비건 메뉴와 글루텐프리 베이킹, 비건 아이스크림 같은 매력적인
레시피들이 계속 업데이트되는 자연주의 요리전문학교이다.
비건 조리와 글루텐프리 음식 강좌는 만성염증과 소화장애
문제, 체중조절이 있어야 하는 현대인들을 위해 이 학교가
내세우는 장점이기도 했다. 50년 가까이 많은 요리사에 의해
개발된 글루텐프리 레시피들과 채식 메뉴들, 거기다 자연 방목된
닭고기와 달걀, 해산물까지 다룬다는 커리큘럼은 매력적으로

느껴졌다.

채식주의자는 여러 가지 유형으로 나뉜다. 과일만 먹는
프루테리언, 육식은 전혀 먹지 않는 비건, 우유나 꿀은 먹는
락토, 우유는 먹지 않고 달걀은 허용하는 오보, 우유와 달걀 다
섭취하는 락토오보, 해산물까지 섭취하는 페스코가 있다. NGI는
자연 방사 닭고기까지 다룬다.

내가 졸업하던 해 학교 건물주가 바뀌면서 고공 행진 하던
임대료를 견디지 못하고 NGI는 다른 학교와 합병했고 지금은
NGIICE가 되었다. 안나마리의 딸과 교장이 불행한 상황을
학생들에게 전하며 고심하던 기억이 난다. 나는 NGI 맨해튼
시대의 마지막 졸업생이 되었다. 그 후 팬데믹으로 전 세계가
멈췄으니 드라마틱한 시점에 그곳에 살았다. 생활비가 많이 들
테니 긴축해야 한다는 걱정이 앞섰지만 맨해튼 중심에 학교가
있어 많은 경험을 할 수 있었다.

NGI 맨해튼 시대의 마지막 졸업생.
졸업 선물로 받은 스푼.

프루테리언							
비 건							
락 토							
오 보							
락 토 오 보							
페 스 코							
폴 로							
플렉시테리언							

채식주의자 유형

Natural Gourmet Institute
FOR HEALTH AND CULINARY ARTS

Detailed Course Curriculum

464 Curriculum Hours, 464 Calendar Hours (324 practicum hours, 140 lecture hours)

AREAS OF STUDY			
Classes	**Hours**		**Hours**
Orientation and Program Wrap-Up		**Health, Wellness, and Nutrition**	
Orientation	4	Ayurveda	6
Sanitation Lecture	2	Cardiovascular System Health	3
Equipment ID	2	Bone and Joint Health	2
Program Wrap-up	1	Cancer Prevention and Treatment Support	3
		Science of Taste	2
World Cuisine		Whole Food Dynamics	2
World Cuisine: Pan-Asian	6	Nutrition 1	2
World Cuisine: Mexican	6	Nutrition 2: Proteins	2
World Cuisine: Indian	6	Nutrition 3: Fats	2
World Cuisine: Italian	6	Nutrition 4: Carbohydrates	2
		Nutrition 5: Micronutrients	2
Whole Food Quality and Selection		Food and Healing 1: Perspectives on Health	2
Vegetable Identification	4		
Fruit Identification	2	Food and Healing 2: Perspectives on Illness	2
Bean and Grain Identification	3		
Sanitation Quiz/Herb and Spice Identification	3	Food and Healing 3: Perspectives on Longevity	2
Basic Quality Ingredients A	2		
Basic Quality Ingredients B	2	Food and Healing 4: Kitchen Pharmacy	4
Basic Quality Ingredients C	3	Microbiome Lecture	2
Basic Quality Ingredients D	3	Endocrine Systems Lecture	2
Basic Quality Ingredients E	2	Detoxification Systems Lecture and Practicum	6
Career Development		Food and the Immune Lecture and Practicum	6
Career Development: Résumés	2		
Career Development: Recipe Writing	2	Soy Food Lecture	2
Career Development: How to Teach a Cooking Class	6	Spa Lecture and Practicum	6
		Macrobiotics Lecture and Practicum	6
Career Development: Private Cooking & Internship	2		
Career Development: Catering	2	**Practical/In-Class Examinations**	
Business 1	2	Knife Skills/Cook Tech Test (practical)	4
Business 2	2	Midterm (practical/written)	4
Business 3	2	Pastry Examination (practical)	3
Menu Planning 1	2	Final Cook Tech Test (practical)	4
Menu Planning 2	2	Final Examination (written)	2

Natural Gourmet Institute
FOR HEALTH AND CULINARY ARTS

AREAS OF STUDY			
Classes	Hours		Hours
Technique/Skills		Introduction to Baking	4
Knife Construction and Handling	1	Converting Lecture	2
Knife Skills 1: Japanese	3	Identification Quiz/Converting	
Knife Skills 2: French	4	Practicum	6
Knife Skills 3: Japanese and French	2	Cake Decorating	
Basic Cook Tech 1	4	Lecture/Demonstration	4
Basic Cook Tech 2	4	Cake Decorating Practicum	4
Basic Cook Tech 3	4	Pastry Lecture/Demonstration	3
Basic Cook Tech 4	4	Galette Practicum	3
Grain Demonstration	3	Pies and Tarts Practicum	6
Bean Demonstration	3	Flourless and Frozen Practicum	6
Grain Practicum 1	4	Cookies Practicum	4
Grain Practicum 2	4	Bread 1 Practicum	6
Bean Practicum	4	Bread 2 Practicum	6
Knife Review and Quiz	2	Pizza and Focaccia Practicum	4
Science of Cooking	2	Wheat-Free and Gluten-Free Baking	
Seitan Practicum	6	Practicum	4
Sea Vegetable Lecture/Demo/Practicum	6	Math 1	2
Soy Food Demonstration	4	Math 2	2
Tofu and Tempeh Practicum	4	Math 3	2
Stock Lecture and Practicum	6	Friday Night Dinner Meal Plan 1	2
Sauce Lecture	2	Friday Night Dinner Meal Plan 2	2
Sauce 1	4	Friday Night Dinner Entrée Test	4
Sauce 2	4	Friday Night Dinner Full Meal Test	6
Fermentation Lecture and Practicum	2	Friday Night Dinner Final Practice	4
Soup and Stew Practicum	4	Friday Night Dinner Costing	6
Cream Soup Practicum	4	A la Carte 1	4
Poultry Practicum	6	Al la Carte 2	4
Fin Fish Practicum	6	Brunch Preparation	6
Shellfish Practicum	6	Brunch Practicum	6
Egg Tech 1	6	Buffet Preparation	6
Egg Tech 2	4	Buffet Practicum	6
Grilling Practicum	4	Improvisational Cooking 1 Practicum	3
Food as Art Practicum	6	Improvisational Cooking 2 Practicum	4
Salads 1 Practicum	4	Improvisational Cooking 3 Practicum	4
Salads 2 Practicum	4	Friday Night Dinner Preparation	
Hors d'Oeuvres Practicum	4	Practicum	4
Pâtés and Terrines Practicum	4	Friday Night Dinner Presentation	
Pasta Practicum	6	Practicum	0

템페

수업 시간마다 신선한 재료를 만나는 건 학교 다니는 즐거움
중 하나였다. 콩류 음식 수업에서 템페 요리를 배우는 걸 알고
설레었다. 몇 년 전 지인을 통해 얻은 종균으로 발효한 템페가
어이없이 실패한 적이 있는데 이번 기회에 제대로 만든 템페를
알 수 있겠구나 싶었다. 템페는 다양한 요리가 가능한 매력적인
재료다. 여성을 돕는 일을 오래 해 온 친구에게 고민을 들은 적이
있는데 그 친구는 여성이 일할 수 있는 생산 현장을 만들고 싶어
했다. 템페 요리 수업 전 그 친구의 고민이 떠올랐다. 제주 콩이
유명하니 템페라면 가능하지 않을까 반짝 생각했다.

수업 전 로비에서 낱개 포장되지 않은 많은 템페를 놓고 두
사람이 이야기를 나누고 있었다. 그중 한 사람은 늘 학생들에게
친절한 선생님 질이었다. 다음 날도 템페 수업이 있었고 나는
질에게 템페 만드는 걸 배우고 싶다고 했다. "배울 수 있어!
배리에게 말하면 될걸? 어제 왔었는데 물어보고 알려줄게!"라고
했다. 템페 공장 가동하는 날에 오면 일하면서 배워도 좋다고
허락했다는 소식을 질이 전해줬다. 학생이 원하면 무슨 일이든
정보를 찾아주는 게 학교의 기쁨이라면서 눈인사를 찡긋 보냈다.
주 5일 수업 일정은 바빴지만 친구 다니엘과 템페 공장에 가기로
의기투합했다.

추수감사절 방학이 있던 11월 어느 날, 다니엘과 야간작업 중인
템페 공장으로 인턴십을 갔다. 생산하는 템페는 총 5가지였는데
그날 만드는 템페는 팥이 재료였다. 학교가 그 업체의 템페를
쓰는 이유는 다른 곳보다 맛있기 때문이라고 했는데 전문 종균
생산 업체에서 받아 쓴다는 종균이 그 이유 같다. 템페 만드는

질(Jill) 선생님과 수업 풍경.

모든 공정을 보고 묻고 기록하고 배웠다. 간단한 발효 방법도
알려줘서 집에서 해봤는데 잘 만들어졌다. 제주에 돌아가서
템페를 만들기 위해 종균을 사두었다. 지금 생각해보면 템페
만들기에 실패했던 이유는 된장이나 청국장과는 다른 균인
라이조프스 올리고포러스의 발효 조건과 방법, 성질을 제대로
몰랐기 때문이었다.

템페는 여러 가지 콩뿐만 아니라 견과류, 코코넛 펄프로도 만들
수 있다. 미국에는 유기농 음식 재료를 파는 마트가 많다. 진열된
대부분의 제품들이 Non GMO, Organic, Gluten free 마크를
강조하고 있다. 특히 명상센터나 요가센터, 건강을 위한 식품을
파는 마트도 많은 맨해튼에는 어느 음식점이건 비건 메뉴들이
있고 비건 레스토랑도 많다. 비건 메뉴가 다양해서 완전한
비건이 아닌 나도 레스토랑에 가면 어떤 비건 메뉴들이 있는지
구경하다 시켜 먹곤 했다.

다양한 비건 메뉴 선택이 가능한 점은 여러 나라 음식이 녹아든
멜팅 팟 효과이지 않을까? 재미있게도 섬나라 인도네시아의
발효법을 섬인 맨해튼에서 배워 제주 섬에서 만들게 되었다.

템페의 나라

템페를 만든다면 인도네시아 현지로 가서 템페의 원형을 알고
싶었다. 템페 종주국으로서의 위상을 찾고자 인도네시안인
드리안도가 세운 단체인 템페무브먼트 협회가 운영하는 템페
강좌가 있었지만 코로나 팬데믹이 끝나지 않아 동선을 최소로
짜야 했고 아쉽게도 자카르타 외곽에 있는 클래스는 포기해야
했다. 대신 정통 템페와 퓨전 비건 음식 모두 알 수 있는 발리에
가기로 했다. 발리에 있는 템페 제조업체와 쿠킹 클래스를
찾았다.

발리에 있는 쿠킹 클래스 중 전통 방식으로 조리법을 가르치는
Parik bali 쿠킹 클래스에 참여했다. 삼모작 하는 논에서 시작해
쌀 저장고와 사원을 보고 본격적인 수업을 시작했다. Parik bali
쿠킹 클래스는 가족이 운영했고 남편이 요리를 가르쳤다. 밥
짓는 도구인 패릭(Parik)은 쿠킹 클래스의 심볼마크이기도 했다.
인도네시아만의 밥 짓는 방법을 재현했는데 정성이 느껴졌다.
두 번째는 템페 체험 클래스였다. 템페 제조업을 운영하는
젊은이들이 진행했다. 전통적인 재료와 조리법을 잘 활용하는
클래스였다. 전통을 보존하고 활용하는 게 외국인에게 더 좋은
구경거리라는 걸 터득한 듯했다. 세 번째는 템페 생산 업체였다.
현지인의 안내가 없었다면 못 가볼 뻔한 곳이었다. 현지 온도와
습도에서 발효되는 템페는 발효시설 없이도 선반 위에서 하얗게
뜨고 있었다.

때가 맞아 발리에서 열리는 전통 축제를 볼 수 있었다. 그해의
첫 번째 축제는 조상의 혼이 땅으로 내려온다고 믿는 시기에

현지 온도와 습도에서 발효되는 템페는 발효시설 없이도 선반 위에서 하얗게 뜨고 있었다.

열리는 갈룬간 축제라고 한다. 선을 축복하고 악을 극복하자는
게 축제의 핵심 철학이다. 발리에서 흔히 보이는 과일이나
꽃잎을 장식한 대나무 장대가 축제의 상징이다. 발리의 수많은
축제에 대한 정보가 있었지만 그중 침묵의 날로 불리는 네피가
인상적이었다. 이날은 병원의 응급실만 문을 열고 학교나
관공서, 식당은 문을 닫고 모두 집에 머물며 불도 켜지 않는다.
심지어 공항도 폐쇄한다. 단식과 명상으로 대우주 자연이 회복할
수 있도록 소우주 인간이 드리는 의식을 치르며 발리는 완벽한
침묵 속에 머물게 된다. 그 24시간의 침묵으로 쓰레기 배출은
3분의 1이 줄고, 탄소배출을 3만 톤을 주는 효과가 있다고 한다.
원시 자연이 파괴되는 제주도에 이런 축제가 있다면 자연에게
쉴 시간을 주고 제주를 찾는 관광객에게도 새로운 경험을 주지
않을까 생각했다. 발리를 찾는 관광객도 동참한다고 하니 멋진
축제가 아닌가 싶다.

17,000개가 넘는다는 인도네시아의 섬 중 발리는 주민 대부분이
힌두교도인 곳이다. 가보니 '신들의 섬'이라는 말이 과장된 게
아니었다. 집 앞과 길거리에 크고 작은 사당이 있었고 아침이면
고운 꽃잎과 향을 살라 신을 경배하는 광경이 매일 펼쳐졌다.
사원 앞에 있는 석상은 흰색과 검은색 모자이크로 된 천을
두르고 있었다. 쿠킹 클래스 앞치마도 흰색과 검은색 모자이크로
된 천이었다. 이 천을 사푸트플렘이라 부른다. '담요'를 의미하는
사푸트와 '상반된 두 가지 색'을 뜻하는 플렘의 합성어다.
흰색과 검은색을 같이 두는 건 세상은 늘 상반된 두 가지가
공존하고 조화를 이루는 곳이라는 의미다. 영원한 행복도 없고
영원한 슬픔도 없다. 어디에도 기울지 않는 시소처럼 삶의
균형을 이룬다는 믿음. 삶에서 일어나는 원치 않는 일들을
받아들이겠다는 겸손하고 긍정적인 삶의 자세다.

인도네시아 문화의 자부심과 힘을 느끼게 했던 울루와뜨 사원 공연장의 께짝 퍼포먼스.
흰 원숭이 하누만의 전설이 내용이다.

제주

냉동된 종균을 귀하게 챙기고 제주에 돌아와 템페를 만들었다.
염두에 두었던 여성들의 일터는 센터의 자금이 여의치 않아
실행되지 않았고 잠시 템페는 잊어버리고 있었다. 그러다
우연히 들렀던 대안 학교에서 소비되지 않고 한쪽 구석에 쌓여
있는 콩자루를 보게 되었다. 순간 콩 요리를 가르치면 좋겠다고
생각했다. 제주에서 템페를 만드는 기쁨을 맛보고 싶었다.
직접 농사를 짓는 학교의 성격에 맞게 손으로 콩을 다루는
것부터 시작했다. 모든 준비 과정을 손으로 하고 간이 발효기에
발효 실험을 하며 템페를 만들었다. 그 사이 학생들을 중소기업
벤처사업부에서 주관하는 청소년 비즈쿨 창업대회에 참가시켜
창업 과정을 배우게 했고 템페를 만드는 일에 대한 비전을
갖도록 했다. 창업대회에서 우수상이라는 값진 결과를 얻었다.
그 실적으로 제주 사회적기업 지원센터의 지원을 받아 청년 창업
형태의 회사를 만들었다. 회사 이름은 '제주템페랩'이라 지었다.
내가 직접 회사를 만들었다면 더 빨리 생산했겠지만 1년 동안
학교 안에 제조실을 만들었고 마침내 제품을 만들었다.
드디어 제주어로 콩주머니라는 뜻인 '콩찰리'라는 이름으로
템페를 생산했다. 템페를 알리는 행사도 했지만 사업에 대한
이해가 부족한 학교와 템페 생산을 책임지는 나 사이에 견해
차이가 생겼다. 힘들게 탄생한 콩찰리라는 이름은 생산 두 달
만에 사라지게 되었지만 학생들이 템페 만드는 일은 계속되고
있다. 템페 조리법 개발, 템페 제품 다양화를 계획했던 나는
계속해서 템페를 만들 필요를 느꼈다. 고심 끝에 직접 템페 제조
공간을 짓기로 하고도 다시 1년이라는 시간이 지났다. 인내심이

필요했던 실험 시간이었다. 저질렀기에 이룰 수 있었고,
돈키호테의 등장으로 시작하는 긴 드라마의 주인공이라고
생각했다.

유학을 마치고 맨해튼을 떠나며 브루클린
브릿지에서 찍은 셀카.

02

All About
Tempe

제주시 조천읍 선흘리 콩밭

대두가 익어가는 모습

콩깍지 안의 노랑 대두

콩

일찍이 중국 사람들은 콩을 '가난한 자의 단백질, 뼈 없는 고기, 중국의 소'라는 말로 그 중요성을 일컬었다고 한다. 일본은 '우리가 만주를 가졌다면 다시 굶는 일은 없을 것이다.'라는 말에서 알 수 있듯이 콩의 원산지인 한반도 북쪽의 중요성을 간파했다. 한반도 북쪽인 만주 지역은 콩의 원류로 1908년 이곳의 콩과 콩기름이 영국으로 전해졌다. 콩 무역이 최초로 시작된 것이다. 콩이 수출되기 시작하자 만주의 콩 생산량은 가파르게 증가해서 1908년 100만 톤에서 1930년 540만 톤으로 증가했다. 그러나 1930년 당시 만주산 콩과 콩기름의 품질이 좋지 않았고 이후 2차 세계대전 시기에 미국이 콩을 생산하기 시작하면서 1941년에는 만주를 추월하기 시작했다. 그때부터 미국은 현재까지도 세계 제1의 콩 생산국이다. 이 시기 미국 영양학자들은 '콩은 고단백 식품이며, 비타민 A, B1, C, G(글루타치온), E, K, 그리고 콩가루 한 컵에 들어 있는 칼슘의 양은 우유 한 컵과 맞먹고, 우유 두 컵에 들어 있는 P(인)의 양과 같으며, 같은 양의 간과 통밀의 3배 철분을 가진 놀라운 식품'이라고 발표했다. 콩류 식물은 흙과 인체에 다 유용하다. 다양한 기후에서 잘 자라며 공기 중의 질소를 빨아들여 뿌리를 통해 흙으로 돌려보내는 비료 역할을 스스로 한다. 단백질을 40% 함유하고 있어 좋은 단백질 공급원이다. 콩 단백질, 곡물 단백질 모두 인간이 체내에서 합성하지 못하는 9가지 필수 아미노산을 공급한다. 콩단백질은 곡물에는 없는 라이신과 트립토판을 함유하고 지질도 풍부해 쌀과 콩을 섞어 잡곡밥을 먹으면 좋다. 또한 대두 무게의 25% 이상을 차지하는 탄수화물은 소화될 때 혈당 수치를 올리지 않아 2형 당뇨병의 위험을 감소시킨다. 유당이 전혀 없기에 유당불내증이 있는 성인이나 어린이의 대체 영양원으로 우수하다. 콩의 식이섬유소가 장에 도달하면 대장균이 이것을 지방산으로 분해하는 과정이 일어나는데 이 과정에 대장암 위험을 줄여주는 효과가 있다. 콩은 각종 비타민과 미네랄 항산화 물질의 보고이고 체중 감량, 골밀도 증강, 유방암 발병률을 감소시키며, 혈관 질환 발생을 낮추는 등 많은 효용성을 가지고 있지만 몇 가지 한계점을 갖고 있다. 첫 번째는 날것으로 먹으면 소화가 안 된다는 단점이 있다. 그래서 익히지 않거나 발효되지 않은 콩류를 섭취하면 분해되지 않은 다당류가 장에 도달해 복통을 일으킬 수도 있다.
두 번째는 콩으로 먹기에 지루하다는 것이다. 콩은 익혀 먹으면 소화 흡수율이
65% 이상으로 높아진다. 콩의 종주국인 동양에서는 오래전부터 콩을 삶아 두부를
만들거나 삶은 콩을 발효시켜 저장해두었다 먹는 장 문화가 발달해 왔다. 발효된 콩은
병의 위험을 줄여주고 건강에 도움을 준다는 것이 과학적으로 검증되었다.

출처 History of soy Nutritional research (1946~1989)

William Shurtleff & Akiko Aoyagi.

콩류 식물은 흙과 인체에 다 유용하다.
다양한 기후에서 잘 자라며 공기 중의 질소를
빨아들여 뿌리를 통해 흙으로 돌려보내는
비료 역할을 스스로 한다.

발효(균)

발효는 미생물, 균류 등을 이용해 육종하는 과정을 말한다. 발효 음식이 몸에 좋은 이유는 첫째 발효는 맛을 변화시키고 특유의 향과 질감을 만든다. 둘째 젖산, 아세트산, 알칼리 발효를 통해 부패를 막아 오래 두고 먹을 수 있다. 셋째 발효과정을 거치면 단백질, 필수 아미노산, 필수 지방산, 비타민 등이 강화된다. 넷째 인간의 몸은 원래 자체적으로 해독할 수 있는 면역 체계가 되어 있는데 발효음식은 장내 균을 고양시켜 그 능력을 키워준다.

우리나라의 된장은 바실러스라는 세균과 국균을 이용해 맛이 구수하다. 일본의 미소는 아스퍼절러스 오리제라는 국균만을 이용해 단맛이 난다. 이 둘은 단백질을 제공하면서도 염분을 포함하고 있다는 공통점이 있다. 템페는 염분이 필요 없는 콩 발효법이다. 삶은 콩이 종균과 만나 활동하기 적당한 환경이 되면 발효가 일어난다. 발효가 일어나는 동안 다당류가 단당류인 포도당으로 전환하면서 달콤하고 고소한 맛이 만들어진다. 완성된 템페는 균사로 뒤덮인 반고체의 탄력 있는 하얀 떡과 같은 모양이 되며 향긋한 버섯 향이 난다.

템페 발효가 일어나는 동안에 미생물과 곰팡이균류, 효모, 유산균 등 여러 균이 활동한다. 대표 균은 라이조프스 올리고포러스(이하 라이조프스)이다. 라이조프스는 곰팡이의 한 지류이다. 흙이나 나뭇잎에 존재하기 때문에 삶은 콩을 히비스커스잎으로 싸두어도 템페 발효가 된다고 한다. 사람들이 나뭇잎에 싸두었다 발효된 콩을 우연히 먹어보고 템페를 알았을지도 모르겠다.

균은 삶은 콩의 겉만이 아니라 내부까지 침투해 광범위한 효소 활동을 한다. 흡수되기 어려운 콩의 단백질이 잘 분해되어서 식물성이지만 쇠고기나 닭고기와 같이 필수 아미노산을 모두 갖춘 완전 단백질과 같은 수준의 단백질을 포함하게 된다. 템페는 훌륭한 동물성 단백질 대체품이다.

템페 종균인 라이조프스 올리고포러스

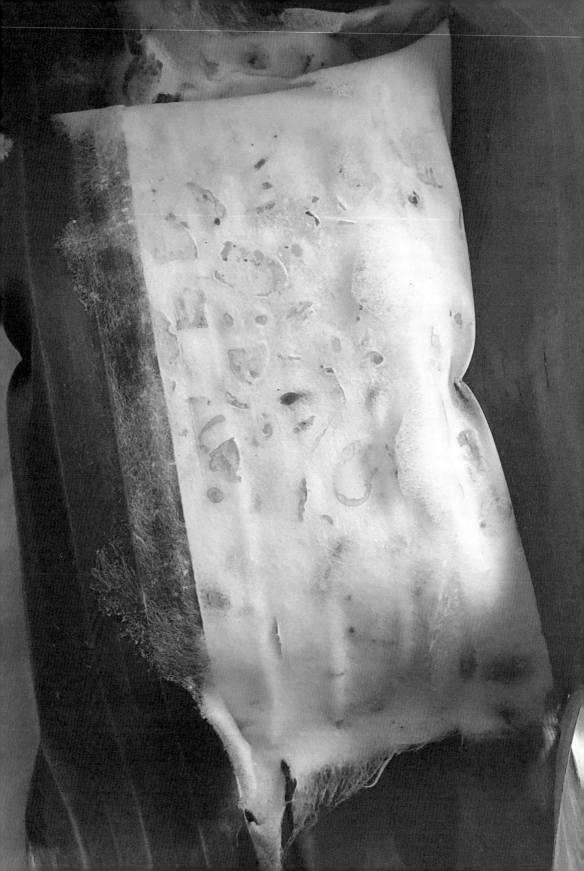

템페

템페는 콩과 균을 동시에 섭취하게 해준다. 아미노산을 다량 함유하고 있어 튀겼을 때 고기와 같은 감칠맛이 난다. 콩으로 만든 간장과 궁합이 잘 맞아 한국인에게 호감을 줄 수 있는 식품이다. 채식주의자나 육식이 힘든 사람에게도 장점이 많은 식품이다. 템페 대표 균인 라이조프스는 다른 곰팡이류가 만드는 바이러스 독소인 아플라톡신으로부터 자신을 보호하는 성질이 있어 템페를 섭취할 때 다른 잡균 걱정을 크게 하지 않아도 된다. 또한 고온이나 저온에서 생존력이 높고 담즙에 대한 내성이 있어서 유익균이 장내까지 도달할 수 있다.

사람이 음식을 섭취하면 췌장은 탄수화물을 분해하기 위해서 아밀라아제를, 지방을 위해서 리파아제를, 단백질을 소화하기 위해서 프로테아제를 분비한다. 템페는 발효되는 동안 자체적으로 이 세 가지 효소를 생산한다. 이미 분해된 상태의 콩이기에 소화가 잘된다. 효소 분비가 잘되지 않는 췌장 기능이 약한 사람에게 유익하다.

템페는 저지방이며 섬유질이 풍부하고 장내 유산균의 역할을 한다. 철분, 칼슘, 비타민 A, B 복합체, 그리고 다른 영양소들의 일일 섭취량의 상당 부분을 제공한다. 동물성 단백질에 들어 있는 비타민 B12가 많이 들어 있다는 점은 육류를 대신하는 식품으로 선택되고 있는 중요한 요인이다. 템페가 인도네시아뿐만 아니라 해외에서도 비건 음식 재료로 선호되는 이유이다.

템페 만드는 인도네시아

HEALTH BENEFIT POTENTIALS

Tempeh fermentation and its related health-promoting potential, by topic

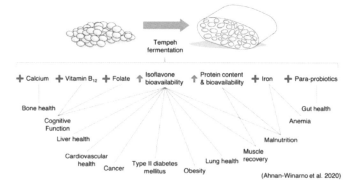

(Ahnan-Winarno et al. 2020)

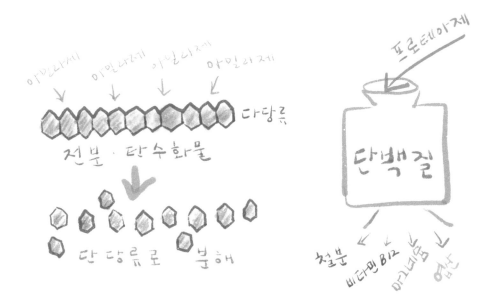

03

Tempe
Basic Recipes

낯선 재료들을 위한 정보

° 이 책에 쓰인 재료들은 가능한 한 비정제에 가까운 것들이다. 예를 들어

설탕은 마스코바도를 기본으로, 식초는 현미식초를 사용하였다. 몇몇

레시피는 풍미를 생각해 다른 종류의 재료를 선택하기도 했다. 똑같은

재료가 아니어도 조리는 가능하다.

°마스코바도,
팜슈가,
코코넛 설탕,
아가베시럽

흔히 마트에서 파는 황설탕과 흑설탕은 정제된 백설탕에 당원을 원심분리
할 때 생긴 검은 색의 몰라세스를 입혀 만드는 것으로 비정제 설탕류에
포함시키지 않는다. 마스코바도는 백설탕보다 덜 정제된 설탕에 몰라세스가
더해진 제품이어서 황설탕보다 미네랄이 많은 편이다. 비정제 설탕인
팜슈가와 코코넛 설탕은 갈색 설탕처럼 생겼고 캐러멜 맛이 강하다.
조청은 쌀이나 보리 등의 곡식을 엿기름으로 삭혀서 만드는 감미료이다.
아가베시럽은 아가베 선인장류의 즙을 증발시켜 만든 감미료이다. 꿀을
포함하여 위에서 말한 모든 감미료는 칼로리와 탄수화물 함량 면에서 일반
설탕과 거의 동일하다. 당류는 탄수화물의 범위에 들어가기 때문에 하루
영양 권장량에 따로 포함되지 않는 영양소이다.

°EVOO

올리브를 저온 압착해 항산화 물질이 많이 포함된 기름인 엑스트라버진
올리브오일은 EVOO로 표기했다.

°파우더,
씨드,
가루

매운맛을 내는 종류로 파프리카 파우더, 고춧가루, 카옌페퍼 파우더가
있는데 쓰인 순서대로 매운맛이 강하다. 훈제된 고추를 가루로 만든 치폴레
파우더도 있지만, 편하게 고춧가루를 써도 무방하다.

원산지가 서양인 허브의 경우 가루는 'OO파우더'로, 씨앗은 'OO씨드'로 표기하고,
재료가 국산 제품인 경우 가루로 표기했다.

°현미유

유기농 매장에서 구입할 수 있는 현미유는 쌀을 도정하면서 생기는 국산
쌀겨와 쌀눈에서 추출하는 순 식물성 식용유이다. GMO 혼입 걱정이 없다.
오메가 6 지방산, 올레인산, 감마오리자놀 등이 풍부하다.

°템페 가루

템페 가루는 건조 템페 분말이다. 제주템페 인스타그램
(@Jeju_tempe_lab)에서 주문 가능하다. 직접 가정용 건조기에
말려 갈아서 써도 된다. 템페 200g을 말리면 ½컵의 분말이 나온다.

°감자전분,
칡 가루,
타피오카 가루,
잔탄검

책에서 끈기가 필요할 때 쓰인 전분 가루는 감자 전분이나 칡 가루, 타피오카
가루를 사용했다. 감자 전분을 구입할 때 100% 전분이 아닌 경우가 있으니
주의가 필요하다. 칡 전분은 미네랄이 많아 예로부터 노인이나 유아에게
영양을 공급하던 전분으로 가루를 물에 타서 먹으면 디톡스에도 좋다.
가격이 비싸 감자 전분으로 대체해도 무방하다. 점성이 강한 타피오카
가루는 카사바 감자가 재료이다. GMO 우려가 많은 옥수수 전분은 사용하지
않았다. 잔탄검은 잔토모나스 박테리아가 곡식의 포도당을 섭취해서 만들어
낸 끈기가 강한 가루이다. 전분과 비슷한 성질을 지닌다.

°뉴트리셔널
이스트

뉴트리셔널 이스트는 치즈 같은 고소한 맛과 감칠맛을 내는 채식주의자들의
기호품이다. 비타민 B2, B3, B6, B12를 특히 많이 가지고 있는 효소
식품이다. 아마존에서 구입이 가능하다.

°집간장, 진간장

간장은 집간장과 진간장 두 가지를 썼다. 집에서 직접 담은 집간장이 없다면
시중의 조선간장, 국간장으로 사용해도 된다. 진간장은 염도가 집간장보다
낮고 단맛이 더 강하며 조림 같은 조리에 잘 어울린다.

Tempe Basic Recipes

°케이퍼

케이퍼는 꽃봉오리를 염장한 식품이다. 짜고 신맛이 나며 주로 지중해

지방에서 흔히 연어와 곁들여 먹거나 고기 요리에 많이 사용하는 식품이다.

항산화 물질과 구리, 비타민 K가 많이 포함되어 있다.

°디종 머스타드

머스터드는 겨자씨를 소금과 식초, 화이트와인과 발효한 페이스트인데

프랑스의 디종 지방에서 만드는 디종 머스터드가 유명하다. 알갱이째로

가공되어 입자가 굵은 것과 파우더로 만든 고운 것이 있다.

°핫 소스

흔히 피자에 뿌려 먹는 핫 소스(타바스코)는 매운 고추로 만드는 소스이다.

제주 자연주의 셰프 김은일의

°케챱마니스

인도네시아의 국민 조미료인 케챱마니스는 팜슈가 몰라세스가 들어간

달콤한 간장이다.

°두반장

두반장은 중국 사천요리의 기본양념으로 고추와 콩을 발효한 장이다.

°굴소스,
비건 굴소스

굴소스 또한 중국요리의 빼놓을 수 없는 장으로 요즘은 국내 제품도

생산되고, 굴소스를 대체할, 버섯을 발효한 비건 소스도 구입할 수 있다.

미리 만들어 두면 좋아요

재료_

템페 200g

진간장 2½Ts

생강 슬라이스 3조각

5cm 정도의 다시마 1조각

소금 ½ts

물 3컵

만들기_

1. 냄비에 준비한 모든 재료를 넣는다.

2. 뚜껑을 덮고 불에 올려 끓으면

약불로 줄이고 20분~25분 정도

끓인다.

3. 템페는 체에 걸러내 식히고, 국물은

조리용으로 활용한다.

재료_

템페 600g

미림 1컵

간장 3ts

월계수잎 3장

만들기_

1. 준비한 재료를 그릇에 담아 20분

정도 재운다.

2. 템페를 건져내서 요리에 사용한다.

Tempe Basic Recipes

°레몬소금

레몬은 높은 비타민 함량과 디톡스 효과가 큰 향기로운 과일로 소금에 절여 한 달쯤 후면 과피가 말랑말랑하게 녹아 전체를 소금으로 쓸 수 있다.

재료_

레몬 5개

소금 10ts

소독한 유리병

만들기_

1. 레몬을 베이킹소다로 문질러 깨끗하게 씻어 물기를 빼고 꼭지 부분을 잘라낸 뒤 껍질과 알맹이를 분리한다.

2. 껍질은 취향대로 슬라이스 하거나 잘게 다지고 알맹이는 씨를 빼고 다진다.

3. 레몬 1개당 소금 2Ts과 잘 섞어 유리병에 담고 공기가 들어가지 않게 위를 잘 눌러주고 뚜껑을 닫아 그늘진 곳에 보관한다.

°고추기름

재료_

식용유 1컵

고춧가루 1컵

만들기_

1. 작은 밀크팬에 식용유를 넣고 중약불로 데우다가 살짝 끓어오르기 시작하면 고춧가루를 붓고 잘 저어준 뒤 불을 끄고 5분 정도 두었다가 고운 체에 고춧가루를 걸러 내고 고추기름만 따로 보관한다.

제주 자연주의 세프 김은영의

요리가 서툰 세대를 위한 템페 입문 레시피

"어서 와. 템페는 처음이지?"

° 스팸 말고 템페

° 인스턴트 카레에도 템페를

° 리얼 템페 커리

° 템페 볶음밥

° 템페 비빔장

우리나라 사람들이 즐겨 먹는 비상식 중에 한 가지가
스팸이라고 하지요. 이제 그런 날 템페를 구우세요.
템페만 구워 김에다 얹으면 한 끼 반찬이 됩니다.

재료_

템페

식용유

* 코코넛 오일이나 올리브유,

현미유나 해바라기 오일도 좋아요.

홀머스타드 소스

소금

후추

만들기_

1. 템페를 잘라 프라이팬에
노릇노릇하게 구워준다.

2. 구우면서 양쪽에 소금과 후추를
뿌려주거나 구운 템페에 홀머스타드
소스나 핫 소스인 타바스코 소스를
발라 먹는다. 허브솔트도 잘
어울린다.

간단한 음식 카레를 끓일 때도 고기 대신 템페를
넣으세요. 충분한 단백질 공급이 됩니다.

재료_

(깍둑썰기할 재료)

템페 100g

느타리버섯 1컵

양파 중간 크기 2개

감자 100g

당근 작은 것 1개

사과 반 개

식용유 2Ts

카레 한 봉지

물 3½컵

만들기_

1. 냄비에 기름을 둘러 달구고
깍둑썰기한 모든 재료를 넣고 볶는다.

2. 충분히 볶아지면 물을 넣고 감자가
잘 익을 때까지 끓인다

3. 카레 가루를 조금씩 뿌려가면서
저어준다.

°리얼 템페 커리

낯선 재료가 몇 가지 필요하지만, 어렵지 않아요

재료_

템페

코코넛 오일 1Ts

양파 다진 것 200g(1컵이 조금 넘어요)

다진 마늘 2Ts

다진 생강 2Ts 큐민 씨드 2ts

토마토 다진 것 300g(2컵이 좀 안 돼요),

단호박 삶은 것 1½ 컵

청양고추 다진 것 2Ts,

코코넛 밀크 ½컵

꿀 2ts

물 1컵

소금 1½ ts

허브 가루

울금(강황)1ts

코리안더 파우더 1½ts

파프리카 파우더 1ts

계피 가루 ¼ts

만들기_

1. 냄비에 코코넛 오일을 두르고 템페가 갈색이 나게 구운 후 소금을 뿌린다.

2. 구워진 템페를 건져내고, 큐민 씨드를 튀기듯 볶는다

3. 마늘과 생강, 다진 고추를 넣고 시간을 두어 양파를 넣고 잘 볶아지면 허브 가루를 더해 향을 낸다.

4. 삶은 단호박과 토마토를 넣고 꿀과 코코넛 밀크, 소금을 더해 볶는다.

5. 물을 넣고 곱게 갈아준다

6. 템페를 넣고 걸쭉해질 때까지 중불로 끓여 마무리한다.

°템페 볶음밥

재료_

식은 밥 1½ 공기

달걀 2개

템페 다져서 100g

채소 다지기(당근 ½컵, 대파 1컵,

양파 1컵)

진간장 1Ts

비건 굴소스 ½Ts

소금

후추

현미유 1Ts

만들기_

1. 팬에 기름을 두르고 달걀을 터트려 프라이한다. 바로 밥을 넣고 소금, 후추로 간을 하며 볶아준 다음 그릇에 옮겨둔다.

2. 다시 팬에 대파를 제외한 다진 채소와 템페를 넣고 진간장과 비건 굴소스를 뿌려 볶는다.

3. 양파와 당근이 반쯤 익으면 1의 밥을 팬에 옮기고 대파를 더해 조금 더 볶는다.

°템페 비빔장

밥도둑 간장 템페 비빔장 이것만 있으면 한 그릇 뚝딱!

재료_

다진 풋고추 1½ 컵

(매운 것을 좋아하면 ½ 컵은 청양고추로 대체)

다진 양파 1컵

다진 템페 ⅝컵

집간장 3Ts

들기름 3Ts

만들기_

1. 깊은 프라이팬을 센 불에 올리고 들기름을 두른 다음 양파와 템페를 먼저 볶다가 양파가 반쯤 투명해지면 고추를 넣고 볶는다.

2. 팬이 뜨거울 때 분량의 간장을 넣고 뒤적인 다음 약불로 줄이고 뚜껑을 덮어 양파와 고추가 물러질 때까지 익힌다.

04

Tempe Recipes

1. ——— 한식 템페 레시피

템페 영양밥 *식물성 식사

재료(4~5인분)_

쌀 3컵

템페 120g

새송이버섯 120g

견과류 ⅓컵

불린 대두 ½컵

(잘게 다지거나 썰기)

국간장 1Ts

물 3컵

참기름 1Ts

만들기_

1. 쌀 3컵을 잘 씻어서 한 시간쯤 체에 밭쳐 둔다.

2. 준비된 재료와 쌀을 솥에 담아 물을 맞춘다.

이때 물의 양은 쌀의 양과 같이 3컵으로 한다.

3. 국간장을 넣고 밥을 짓는다.

콩 단백질은 곡물에는 없는 라이신과 트립토판을 함유하고 있으며 지질도 풍부해 쌀과 콩을 섞은 잡곡밥을 먹으면 좋다.

겨자소스 템페 냉채 *식물성 식사 *저탄수화물식

재료(4인분)_

채 썬 당근 1컵

템페 100g

채 썬 양상추 4컵

채 썬 붉은 파프리카 1컵

(겨자 소스 만들기)

노란 겨자 가루 2Ts+온수 1⅓Ts

(잘 섞어 따뜻한 곳에 두어 잠시

숙성시킨다.)

소금 1ts

마스코바도 설탕 1½ts

화이트와인식초 1⅔Ts

아가베시럽 1ts

참기름 ½ts

물 1Ts

만들기_

1. 당근은 채 썰어서 살짝 데친 후 찬물에 헹구고 식혀둔다.

2. 템페를 3~4cm 정도 길이로 얄팍하게 썬다.

3. 양상추는 먹기 좋게 조각낸다.

4. 붉은 파프리카는 당근처럼 채 썬다.

5. 소스 재료를 모두 섞어 겨자 소스를 만든다.

6. 모든 채소를 섞어 그릇에 소복이 담고 겨자 소스를 뿌려

먹는다.

템페 고추전 *식물성 식사 *저탄수화물식

재료(8개)_

고추 4개
밀가루 1ts

(속 재료)
불린 표고버섯 2장
양파 반 개
쪽파 2줄기
다진 템페 ⅓컵
다져서 물기 뺀 두부 3Ts

진간장 ½ts
후추
마 곱게 갈아서 ⅓컵

만들기_

1. 고추는 반으로 갈라서 씨를 작은 숟가락으로 긁어내고, 안쪽 부분에 밀가루를 뿌려둔다.
2. 불린 표고버섯을 아주 얇게 채 썬다.
3. 양파와 쪽파를 곱게 다진다.
4. 표고버섯, 양파, 쪽파, 다진 템페, 두부를 모두 그릇에 담은 다음 진간장과 후추를 넣고 잘 섞어준다.
5. 밀가루를 발라둔 고추에 4의 속 재료를 담는다.
6. 갈아둔 마를 고추 위에 얹듯 올리고 달구어진 팬에 굽는다.

템페 마전 *식물성 식사 *저탄수화물식

재료(20개)_

템페 ½봉지

(덩어리째로 기본 템페 1로 조리)

(반죽)

부침가루 6Ts, 마는 곱게 갈아서

10Ts, 소금 ¼ts

붉은 고추: 둥글게 편썰기

표고버섯: 불려서 도톰하게

채썰기

현미유 적당량

(샐러드)

쪽파 송송 썰어 1Ts

미나리 송송 썰어 1컵

소금

막걸리 식초 2ts

검은 통깨 약간

만들기_

1. 기본 템페 1로 조리된 템페를 건져서 4mm 정도 두께, 엄지 손가락 한 마디 넓이로 썰어둔다.

2. 재료를 섞어 반죽을 만든다.

3. 팬이 중불로 충분히 달궈지면 현미유를 두르고, 마 반죽을 도톰하게 올리고 그 위에 템페와 고추와 표고를 올린다.

4. 반죽의 바닥면이 충분히 갈색이 나기 시작하면 뒤집어 템페가 갈색이 나도록 나머지 한 면을 구워주되 타지 않도록 조심한다.

5. 송송 썬 쪽파와 미나리는 막걸리 식초, 깨, 소금으로 버무리고 전과 곁들여 낸다.

풍미를 위해 막걸리 식초를 쓰지만 다른 식초를 사용해도 된다.

템페 간장 비빔국수 소스 *식물성 식사

재료(2~3인분)_

(소스)

진간장 4Ts

마스코바도 설탕 3Ts

현미식초 2Ts

레몬즙 2Ts

템페 가루 2Ts

들기름 2Ts

참기름 1Ts

정종 ½Ts

마늘 3쪽 다진 것

다시마 가루 1ts

생와사비 2ts

만들기_

1. 모든 재료를 블렌더에 갈아서 냉장 보관한다.

(만들어서 이틀 정도 지나면 더 맛있다. 일주일 정도 두어도

상하지 않는다.)

2. 면을 삶아 소스와 잘 비벼서 그릇에 담는다.

> 한그릇 음식으로 추천하는 메뉴

템페 미역국 *식물성 식사 *저탄수화물식 *이유식

재료(3인분)_

템페 100g 깍둑썰기

양파 1개 채썰기

양송이 3개 편썰기

불린 미역 1컵 먹기 좋은 크기(손
가락 두 마디 정도 길이)로 썰기

소금

국간장 1Ts

참기름 1ts

물 5컵

통후추 약간

만들기_

1. 중불에 냄비를 올리고 물 2컵과 국간장, 소금 ¼ts, 통후추를
담고 템페 100g을 넣어 템페에 간이 배도록 끓인다. 물이 반 정
도 될 때까지 템페를 가끔 뒤집어준다.

2. 다른 냄비에 양파와 참기름, 약간의 소금을 넣고 갈색이 돌기
시작할 때까지 볶는다. 중불에서 오래 볶는 것이 좋다.

3. 갈색이 나게 볶아지면 양송이와 미역을 넣고 숨이 죽도록 더
볶는다.

4. 1의 냄비에 물 3컵을 더 넣고, 3의 볶은 재료를 담아 끓인다.

템페 두부선 *식물성 식사 *저탄수화물식

재료(2~3인분)_

두부 300g
템페 65g
면포, 넓은 찜기

(고명)
달걀 1개
목이버섯 2~3개
표고버섯 큰 것 1개
붉은 고추

(두부 양념)
소금 ⅝ts
조청 1½ts
다진 쪽파 2ts
다진 마늘 ½ts
빻은 깨 가루 2ts
생강즙 ½ts
참기름 1ts
깨소금 2ts
후추
전분 가루 2ts

(간장양념)
진간장 2Ts, 설탕 ½Ts, 깨 ½Ts,
식초 ½Ts, 참기름 1ts,
다진 마늘 ½ts, 다진 고추 ½ts을
잘 섞는다.

만들기_

1. 달걀은 흰자와 노른자 따로 지단을 부쳐 얇게 채 썬다.

2. 불린 표고를 사선으로 얇게 저며 가늘게 채 썬다.

3. 목이버섯도 얇게 채 썬다.

4. 붉은 고추는 속을 수저로 잘 긁어내고 버섯, 지단과 같은 크기로 얇게 채 썬다.

5. 두부는 면포에 담아 물기를 꼭 짜고, 도마에 올려 칼등을 비스듬히 놓아 덩어리가 없도록 누르듯이 곱게 으깬다.

6. 템페도 잘게 다지고 곱게 으깬다.

7. 그릇에 5와 6을 담고 모든 양념 재료를 더해 잘 섞어 치대듯 덩어리로 뭉쳐준다.

8. 두부를 짠 면포 위에 7의 재료를 다시 두부 형태로 모양을 잡고, 그 위에 고명 재료들을 골고루 올린 다음 면포로 싸준다.

9. 증기가 오르는 뜨거운 찜기에 올려 10분 정도 쪄서 식으면 칼로 예쁘게 잘라 간장과 함께 낸다.

템페 만두 *식물성 식사 *저탄수화물식

재료(14개)_

(만두소)

불린 표고버섯 5개

애호박 1개

템페 ⅜개

소금

후추

만두피

만들기_

1. 불린 표고버섯은 물기를 꼭 짜내고 아주 가늘게 채 썰어 1컵 준비한다.

2. 애호박은 얇게 슬라이스 한 뒤에 가늘게 채 썰고 소금 ½ts과 잘 섞어 절인 뒤 물기를 꼭 짠다.

3. 템페는 곱게 다져서 1컵을 준비한다.

3. 준비된 만두소 재료를 모두 큰 그릇에 담고 소금 ¼ts과 후추를 갈아 넣어 마무리한다.

4. 만두피에 담아 모양을 만들어 만둣국을 끓이거나 군만두를 구워도 좋다.

한 그릇 음식 추천

템페 속 두부찜 *식물성 식사 *저탄수화물식 *노인식

재료(3인분, 7개)_

단단한 두부 800g

(속을 넣었을 때 터지지 않도록

2cm 두께의 충분한 크기로 잘

라둔다.)

소금

식용유

감자 전분 ½컵

(속 재료)

다진 느타리버섯 ¼컵

마늘 1쪽

쪽파 1ts

데친 숙주 ¼컵

다진 템페 ½컵

감자 전분 2Ts

(양념장)

진간장 2Ts

마스코바도 설탕 ½Ts

깨 ½Ts

현미식초 ½Ts

참기름 1ts

다진 마늘 ½ts

다진 고추 ½ts

만들기_

1. 두부 앞뒤에 소금을 약간 뿌려 물이 빠지도록 두었다가 건져 내서 앞뒤에 전분을 입힌다.

2. 중불로 달군 팬에 기름을 두르고, 1의 두부를 골고루 색이 나도록 구운 뒤 가운데 칼집을 내어 속을 담을 공간을 주머니처럼 만들어 둔다. 이것 역시 터지지 않도록 조심한다.

3. 작은 그릇에 양념장의 모든 재료를 섞어 소스를 만든다.

4. 모든 속 재료를 잘 치대어 2의 가운데 공간에 조심히 담는다. 내용물이 약간 바깥으로 나오도록 보기 좋게 담는다.

5. 4를 찜기에 담아서 10분 정도 쪄서 접시에 옮겨 담고 양념장과 곁들여 내거나 위에 뿌려주어도 좋다.

핑크 김밥 *식물성 식사

재료(4줄)_

쌀 3컵

비트 1컵 다지기

템페 100g 기본 템페 조리 1

무 2컵 채썰기

당근 2컵 채썰기

백오이 1개

로메인이나 양상추잎 4~5장

김밥용 김 4~5장

(땅콩 소스 만들기)

튀긴 땅콩 100g

프라이팬에 현미유 1Ts을 두르

고 생땅콩을 갈색이 되도록 볶

아준다.

튀긴 땅콩을 건져 블렌더에 담

고, 다진 양파 ⅓컵, 마늘 3개

다진 것, 생강 1조각, 진간장

1Ts, 마스코바도 1Ts, 물 2Ts, 참

기름 2ts, 현미식초 ½ts, 소금

¼ts을 넣은 뒤 곱게 간다.

만들기_

(김밥 속 재료 준비하기)

1. 아주 잘게 다진 비트 1컵에 현미식초 2ts, 소금 ⅔ts과

잘 섞어 절인다.

2. 템페는 기본 템페 1번으로 조리하고 김밥용으로 길게 썰어

둔다.

3. 무는 채를 썰어서 2컵 준비하고, 소금 ½ts, 현미식초 1½ts,

마스코바도 1ts, 고춧가루 약간을 채 썬 무에 넣고 10분 정도 절

인다. 절인 무채를 손으로 물기를 꼭 짜서 다른 그릇에 옮기

고 고춧가루를 기호만큼 넣고 무친다.

4. 채 썬 당근 2컵을 프라이팬이 달궈지면 현미유 2ts과 소금

¼ts, 물1ts을 넣고 살짝 볶는다.

5. 백오이를 길게 4~6등분 하고, 씨 부분은 걷어낸다.

6. 밥을 고슬고슬하게 짓는다.

7. 갓 지은 밥에 1의 절인 비트를 섞어 뚜껑을 닫고 잠시 뜸을

들인다.

4. 김 위에 밥을 펴고 로메인 상추를 깐다.

5. 상추 위로 준비된 템페, 당근, 무채, 오이, 소스를 올리고 김

밥을 싼다.

템페 잡채 *식물성 식사

재료(3인분)_

(채수)

다시마 손바닥만 한 크기 1장

표고버섯 3개: 넓은 냄비에 담고 물 500ml를 부어 한 시간 정도 우려낸다.

대추 5알

매운 고추 3개

소금 1ts

국간장 1½Ts

조청 3ts

참기름 2Ts

당면 한 줌: 물에 담궈 충분히 불린다.

말린 나물(어떤 것이든 좋다.) 한 움큼 정도.

템페 굵게 다져서 ⅔컵

만들기_

1. 작은 냄비에 말린 나물을 헹궈서 담고 한 번 끓여 그 물에 30분 정도 불린다.

2. 불린 표고버섯을 건져 채 썰어 채수 냄비에 다시 담고 끓기 전에 다시마는 건져 버린다.

3. 2의 채수에 대추 3알과 매운 고추 2개를 넣고 10분 정도 끓인다.

4. 대추는 건져서 굵게 채 썰고, 매운 고추는 건져서 버린다.

5. 2의 채수에 간 맞추기 재료를 넣고, 불린 나물과 템페 다진 것, 채 썬 대추, 불린 당면을 넣고 국물이 자작해질 때까지 조려내듯 볶는다. 당면이 너무 퍼지지 않고 국물이 자작할 정도로 익으면 마친다.

템페 볼 시금치죽 *식물성 식사 *이유식

재료(3인분)_

(템페 경단)

쌀가루 ½컵 + 곱게 다진 템페 3Ts + 소금 약간 + 곱게 다진 느타리버섯 1Ts + 뜨거운 물 2 Ts

쌀: 완전히 불린 쌀 빻은 것 ⅔컵(절구에서 으깨거나 블렌더로 몇 번만 간다.)

물 4컵

시금치 한 줌: 끓는 물에 잠시 데쳐서 찬물에 헹군 뒤 찬물 1컵과 함께 곱게 간다.

소금 2ts

만들기_

1. 템페 경단 재료를 빚어 8~9개의 볼을 만든다.

2. 냄비에 물과 쌀을 먼저 담고 잠시 후 경단을 넣고 천천히 저어준다.

3. 경단이 떠오르면 같이 끓이다가 경단이 끓어오르면 시금치 갈아 둔 것과 소금을 넣고 한소끔 끓여 낸다.

템페 무조림 *식물성 식사 *저탄수화물식

재료(3~4인분)_

(국물 재료)
다시마 손바닥만 한 것 1장, 진
간장 2Ts, 국간장 1Ts, 소금
$\frac{1}{4}$ts, 맛술 $\frac{2}{3}$Ts, 붉은 건고추
1개, 통후추 3알, 유기농설탕
2Ts, 건표고 작은 것 3개, 물
600ml

무 300g: 겉껍질을 깎아내고
크게 깍뚝썰기 한 다음 모서리
를 다듬어 둔다.
쌀 1ts 또는 쌀뜨물

템페: 무와 비슷한 크기의
정육면체 모양으로
9~10개 정도 잘라둔다.
당면 약간: 뜨거운 물에 불려
둔다.

만들기_

1. 무가 충분히 잠길 정도의 쌀뜨물에 무가 투명해질 정도까지
삶아 건져내 한쪽에 둔다.
(TIP: 쌀뜨물이 없으면 1ts 정도의 생쌀을 넣고 같이 삶아도 되
는데, 쌀을 넣으면 무가 좀 더 빨리 익고 쓴맛이 줄어든다.)
2. 무가 익는 동안 작은 냄비에 물과 다시마와 마른 표고를 넣
고, 끓으면 다시마는 건져낸다.
3. 2에 나머지 국물 재료와 삶은 무, 템페를 넣고 20분 정도
끓이면서 위에 떠오르는 거품들을 걷어내고 고추는 건져낸다.
5. 완성 1분 전쯤 불린 당면을 넣고 한소끔 끓인 후 마무리한다.

템페 감자전 *식물성 식사

재료(3~4인분)_

감자: 껍질을 벗겨서 강판에
곱게 갈아서 2컵

애호박: 얇게 채 썰어서 1컵

매운 고추: 다져서 1ts

템페: 다져서 $\frac{1}{2}$컵

소금 약간

식용유

만들기_

1. 준비한 재료를 그릇에 담아 잘 섞는다.

2. 팬에 기름을 충분히 두르고 1의 재료를 넣어 노릇하게 지진다.

템페 오이선 *저탄수화물식

재료(3인분)_

백오이 1개

소금 1ts

달걀 1개: 황백 지단

버섯 $\frac{1}{3}$컵(목이버섯, 표고버섯

다 좋아요.)

홍고추 $\frac{1}{2}$개

템페 얇게 채 썬 것 $\frac{1}{2}$컵

(단촛물)

현미식초 1Ts

마스코바도 설탕 1Ts

물 1Ts

(양념)

간장 1ts

마스코바도 설탕 $\frac{1}{2}$ts

마늘 다진 것 $\frac{1}{2}$ts

생강 다진 것 $\frac{1}{4}$ts

만들기_

1. 백오이 1개를 길게 반으로 자른 뒤, 다시 4cm 길이로 자르고, 각각 4번의 칼집을 넣는다.

2. 자른 오이에 소금 1ts을 뿌려 20분 정도 절인 후 씻지 말고 깨끗한 포에 싸서 물기를 꼭 짠다.

3. 단촛물을 끓여서 만들고 식힌다.(양이 작으니 약불에 설탕이 녹을 정도만 끓인다)

4. 달걀 1개를 노른자와 흰자로 분리하고, 약불에 달군 코팅 프라이팬에 황백 지단을 부친 다음 얇게 채 썬다.

5. 버섯은 물에 불려서 아주 얇게 채 썬다.

6. 홍고추를 반으로 잘라 속을 깊이 긁어내고 얇게 채 썬다.

7. 얇게 채 썬 템페에 양념을 잘 섞어 팬에 볶는다.

8. 2의 오이 칼집에 4,5,7의 재료들을 색색이 끼우고 홍고추는 잘게 채 썰어 1개 정도씩만 올린다.

9. 접시에 담고 만들어둔 단촛물을 위에 뿌린다.

템폐 들기름 밀푀유 *식물성 식사 *저탄수화물식

재료(4인분)_

능이버섯: 서너 조각을 흐르는
물에 잠깐 먼지만 헹군 뒤 온수
2컵에 불려둔다. 국물은 버리
지 말고 둔다. (많을수록 진한
맛이 난다.)
애호박, 감자, 당근, 마, 양송이,
템페, 배춧잎 1컵 정도씩
국간장 1ts

(잣 드레싱)
잣 1Ts + 소금 $\frac{1}{4}$ts + 배 $\frac{1}{2}$Ts
을 절구에서 잘 다져준다.

만들기_

1. 준비된 재료들을 같은 두께로 얇게 썬다. (채칼을 사용하면
편하다.)
2. 배추도 비슷한 크기로 썬다.
3. 불린 능이버섯을 건져 갓 부분과 기둥 부분을 다른 재료의
크기와 비슷하도록 자른다.
4. 모든 재료를 색이 겹치지 않게 번갈아 얕은 냄비 바닥에 가
지런히 놓는다.
5. 능이버섯 불린 물에 국간장을 넣고 잘 저어 재료가 자작하게
잠길 정도로 붓는다.
6. 중약불에 냄비를 올리고 감자가 익을 정도로만 끓여 마무리
한다.
7. 개인 접시에 적당량을 담고 잣 드레싱을 얹는다.
8. 국물 맛과 향을 먼저 음미하도록 권한다.

> 이름은 밀푀유이지만 맛과 향은 한식

2.　　　　　　　　　　　———　　　　　지중해식 템페 레시피

템페 허머스 *식물성 식사 *저탄수화물식

재료(4~5인분)_

템페 100g

월계수잎 1장

채수 1컵

(양파 반쪽, 당근과 샐러리 양파

양의 $\frac{1}{2}$을 물 500ml와 같이

뭉근히 끓인 물. 없으면 맹물)

병아리콩 1컵

(하룻밤 불려서 삶기)

물 5컵

(부재료)

타히니 $\frac{1}{4}$컵 (없으면 땅콩버터나

비건 버터 사용)

마늘 1쪽

소금 $\frac{1}{2}$ts

레몬즙 1$\frac{1}{2}$Ts

EVOO 2Ts

채수 1$\frac{1}{2}$컵

(병아리콩 삶은 물과 템페 삶은 물

더해서)

(허브)

쪽파 2Ts

이탈리안 파슬리 $\frac{1}{4}$ts

만들기_

1. 템페를 채수와 월계수잎을 넣고 삶은 뒤 건진다.

2. 불린 병아리콩과 물을 중간 사이즈 냄비에 넣고 끓으면 중불로
줄여서 40분 정도 푹 삶고, 삶은 물은 남겨둔다.

3. 템페와 병아리콩, 부재료를 넓은 그릇에 넣고 핸드블렌더로
곱게 간다.

4. 허브를 넣고 잘 섞는다.

템페 폴페뜨 *식물성 식사 *저탄수화물식

재료(볼 16개)_

(폴페뜨 반죽)

템페 450g, 물 940g, 국간장
¾컵, EVOO 2Ts, 붉은 양파 다진
것 140g, 소금 약간, 마늘 다진
것 2Ts, 펜넬 씨앗을 팬에 살짝
구워 향을 낸 다음 갈아서 1Ts
가득, 오레가노 1Ts, 세이지 ½ts,
카엔페퍼 약간, 수수 가루 2Ts,
잘게 썬 파슬리 4Ts, 소금과 후추
옥수수 가루 ½컵
칡 전분 ½컵(감자 전분도 가능)
튀김용 현미유 4-6컵

(소스 1¼컵)

이탈리안 파슬리 85g, 마늘 다진
것 1ts, 레몬 제스트 1ts, 레몬즙
1~2ts, 케이퍼 2Ts, EVOO ½ 컵,
물 2Ts, 소금과 후추 약간
(작은 냄비에 물 400ml를 끓이고
파슬리를 10초 정도만 데쳐
찬물에 헹구고 물기를 꼭 짠 뒤,
남아 있는 소스 재료들을 넣고
곱게 간다.)

만들기_

1. 중간 크기 냄비에 템페와 물과 국간장을 넣고 불에 올려
끓어오르면, 불을 줄이고 뚜껑을 연 뒤 20분간 끓인다. 식으면
체에 밭쳐 물은 버린다.

2. 프라이팬을 불에 올리고 기름을 약간 두른 뒤 양파에 소금을
살짝 쳐서 볶는다.

3. 양파가 투명해지면 마늘, 펜넬, 오레가노, 세이지, 카엔페퍼를
넣고 1분 정도 더 볶아준 뒤 푸드 프로세서에 옮겨 담는다.

4. 3에 삶은 템페를 넣어 부드러워질 때까지 갈아준다.

5. 부드럽게 갈아진 템페 반죽을 그릇에 옮기고 수수 가루와
파슬리를 섞는다.

6. 반죽을 덜어 동그란 모양으로 빚고 유산지를 깔아둔 쟁반에
담아 30분 동안 냉장 보관한다.

7. 그릇에 옥수수 가루와 전분을 섞어 담고 냉장고에서 꺼낸
반죽을 굴려 옷을 입힌다.

8. 튀김 그릇에 기름을 중불로 달군 뒤 만들어진 템페 볼을 갈색이
날 때까지 튀긴다.

9. 튀긴 템페 볼과 소스를 같이 낸다.

템페 크로케따 *식물성 식사 *저탄수화물식

재료(12개)_

템페 220g

마늘 1쪽 다진 것,

물 2Ts

EVOO 1Ts

집간장 2Ts

세이지 ¼ts

마조람 ¼ts

타임 ¼ts

파프리카 가루 ¼ts

카옌페퍼 파우더 약간

살짝 구운 펜넬 씨앗 ½ts

흑후추 ¼ts

귀리 가루 2Ts +여유분

튀김용 기름 3~4Ts

만들기_

1. 템페를 2등분해서 찜기에 넣고 20분간 찜기에 찐다.

2. 굵은 강판에 템페를 갈아 그릇에 담고 나머지 재료와 잘 섞는다.

3. 반죽을 잘 뭉쳐 패티를 만들고 남겨둔 여유분의 가루를 입힌다.

4. 팬에 기름을 두르고 패티를 갈색이 나게 잘 튀긴다.

템페 콩샐러드 *식물성 식사 *저탄수화물식

재료(2~3인분)_

흰콩 1컵

(하룻밤 불려두기)

월계수잎 1장

양파 4Ts: 6mm 정도 크기

사각으로 잘게 썰기

쪽파 3Ts: 굵게 다지기

템페 ½컵: 콩 크기만큼 깍둑썰기

그린 올리브 2Ts: 양파와 같은

크기

마늘: 한 쪽 다지기

생 바질잎 약간

(드레싱)

소금 ¼ts + 후추 ⅛ts +

홀머스타드 1¼ts + EVOO 2Ts

만들기_

1. 흰콩은 밤새 불려 두었다가 월계수잎을 넣고 20분 정도 무르게 삶고 체에 물기를 걸러둔다.

2. 걸러 둔 콩 삶은 물에 템페를 데쳐서 건진다.

3. 작은 그릇에 드레싱 재료들을 섞어둔다.

4. 그릇에 삶은 콩과 나머지 재료를 담고 드레싱을 끼얹어 완성한다.

만들어서 하루 이틀 지나면 더 맛있는 샐러드

템페 콘소메 *식물성 식사 *저탄수화물식 *이유식

재료(2~3인분)_

다진 양파 1컵

다진 당근 ⅔컵

다진 콜리플라워 1컵

다진 버섯 ½컵

다진 셀러리 ⅓컵

작은 깍둑썰기 템페 1컵

물 500ml

물 100ml + 감자전분 1Ts

생강 가루 ⅛ts

코코넛 오일 3Ts

소금 1ts 정도

통후추

뉴트리셔널 이스트

만들기_

1. 중불에 프라이팬을 올리고 먼저 양파와 당근, 소금 약간, 코코넛오일 2Ts에 잘 볶다가 셀러리를 넣고 더 볶아준 뒤 냄비에 옮겨 둔다.

2. 같은 팬에 템페를 코코넛 오일 1T과 소금을 약간 치고 길색이 나게 튀긴 다음 1의 냄비에 담는다.

3. 버섯, 콜리플라워, 생강 가루, 물 500ml를 냄비에 더한다.

4. 중불에 뭉근히 끓여 주다가 전분물을 붓고 끓으면 후추를 취향대로 뿌리고 마무리한다.

5. 먹기 직전에 뉴트리셔널 이스트를 뿌려준다.

템페 비트 수프 1 *식물성 식사 *이유식 *저탄수화물식

재료(3~4인분)_

재료 1)

템페 180g

코코넛 워터 2컵

다진 양파 $\frac{1}{2}$ 컵

다진 당근 $\frac{1}{4}$ 컵

다진 셀러리 $\frac{1}{4}$컵

붉은 비트 1컵

재료 2)

우유 또는 코코넛 밀크 $\frac{1}{2}$컵

마스코바도 설탕 $\frac{1}{3}$컵

소금 $\frac{1}{2}$ ts

만들기_

1. 재료 1)의 모든 재료를 블렌더에 넣고 갈아준다.

2. 냄비에 옮겨 담아 불에 올리고, 끓으면 약불로 줄여준다.

3. 농도가 진해지면 재료 2)를 넣고 저어주면서 끓기 시작하면
불을 끄고 마무리한다.

템페 셰퍼드파이 *선택적 식물성 음식

재료(3인분)_

붉은 렌틸 1컵

물 1½컵

월계수잎 1장

다진 양파 2컵

다진 당근 ½컵

마늘 2쪽

다진 템페 2컵

EVOO 3Ts

(논비건의 경우 버터 2Ts +

EVOO 1Ts)

집간장 1ts

후추

오레가노 ½ts,

중간 크기 감자 3개

만들기_

1. 붉은 렌틸과 물을 냄비에 넣고 월계수잎과 소금 약간과 함께 중불에 너무 무르지 않게 삶아 체에 걸러 둔다.

2. 감자는 냄비에서 푹 삶아, 식기 전에 껍질을 벗기고 주걱으로 으깨고 다시 핸드블렌더로 으깨준 뒤, EVOO 2Ts(Non Vegan 버터 2Ts)과 소금 ¼ts을 넣고 끈기가 생길 때까지 완전히 갈아주고 한쪽에 둔다.

3. 달군 프라이팬에 EVOO 1Ts을 넣고 당근과 마늘을 적당히 볶다가 양파를 넣고 투명해질 때쯤 간장 1ts을 넣고 볶는다.

4. 3의 채소에 삶은 렌틸과 오레가노 ½ts을 섞는다.

5. 그라탕 용기에 4의 내용물을 담고 위에다 2의 으깬 감자를 덮어주고 비건은 빵가루와 EVOO 1Ts을 뿌리고 논비건은 슈레드 피자치즈를 뿌린다.

6. 오븐에서 190도로 13분 정도 위쪽이 노릇해질 때까지 굽는다.

템페 미네스트로네 *식물성 음식 *저탄수화물식

재료(3~4인분)_

템페 1컵(작은 주사위 크기로
자르기)

귀리 가루 ½Ts

당근, 셀러리
(템페 크기로 잘라 ¼컵씩 준비)

식물성 기름 (올리브 오일이나,
현미유 등, 참기름 들기름은 제외)

건조 마카로니 파스타 ⅓컵

마늘 3쪽 슬라이스

중간 크기 양파 1개 슬라이스

소금 ½ts

후추 약간

썬드라이드토마토 3개 슬라이스

훈제파프리카 파우더 1ts

무가당 토마토 주스 400ml

꿀 ½ts

채수 1컵 (당근 2 : 양파 1 :
셀러리1의 비율로 20분 정도
끓인다.)

만들기_

1. 주사위 모양으로 자른 템페 한 컵에 적당히 소금, 후추 간을
하고, 생귀리 가루 ½Ts을 입힌 뒤 팬에 기름을 두르고 갈색이
나게 튀기듯 굽는다.

2. 팬을 달구고 적당히 기름을 두른 뒤 당근과 셀러리를 볶는다.

3. 마카로니는 삶아 건져내 따로 둔다.

4. 바닥이 두꺼운 냄비에 기름을 두르고 마늘 3쪽 슬라이스,
중간 크기 양파 1개 슬라이스, 소금 ½ts, 썬드라이드토마토
3개 슬라이스, 훈제파프리카 파우더 1ts를 차례대로 넣어주며
볶는다.

5. 4에 무가당 토마토 주스 400ml를 넣고 간다.

6. 5에 꿀 ½ts, 남은 귀리 가루와 채수 한 컵, 삶은 마카로니를
더해 끓인다.

7. 그릇에 담고 가니시로 파슬리를 곁들인다.

숏파스타 들어가는 채소 수프

템페 돌마 *식물성 음식

재료(3~4인분)_

(채수)

당근 ½개, 양파 1개, 물 500ml

(채소)

케일잎, 머위잎, 포도잎, 근대,

아욱, 깻잎 각 3~4장씩

양파 큰 것 1개

마늘 2~3알

레몬소금 ½ts 또는 소금 ¼ts

레몬즙

템페 100g 잘게 다지기

불린 쌀 1½컵

후추 약간

펜넬잎 다진 것 3Ts

EVOO 1Ts

(곁들이는 소스)

플레인 요거트, 약간의 민트잎과

마늘 1쪽 다진 것, 소금, 후추

만들기_

1. 당근과 양파를 중불로 20분 정도 끓여 채수를 만든다.

2. 소금물에 케일잎, 머위잎, 포도잎, 근대, 아욱, 깻잎 순으로 넣고 살짝 데쳐서 찬물에 담가 식혀 물을 빼서 한쪽에 둔다.

3. 바닥 넓은 냄비에 EVOO을 두르고 양파 큰 것 1개와 마늘 2~3알을 다져서, 소금 ¼ts을 뿌려 볶다가 숨이 죽으면, 템페 다진 것을 넣고 더 볶는다.

4. 불린 쌀과 후추 약간, 펜넬잎 다진 것을 넣고 쌀이 익기 전에 불을 끈다.

5. 2의 잎을 한 장씩 펴서 4의 내용물을 한 수저씩 담고 잘 말아서 채소 롤을 만들고, 다른 냄비에 차곡차곡 담는다. 작은 접시를 뒤집어서 덮어 눌러준다.

6. 레몬소금 ½ts(없으면 소금 ¼ts + 레몬즙 ⅓ts)와 1에서 만들어 둔 채수를 섞어 접시 높이 정도까지 붓는다.

7. 불에 올려 끓으면 중불로 줄이고 15분 정도 끓인다.

8. 그릇에 옮겨 담고 소스를 곁들인다.

> 돌마(dolma)는 소를 넣은 음식이다. 채소나 해산물 등의 속에 쌀이나 다른 곡물, 다진 고기, 양파, 허브 등을 채워 만든다.

양송이 템페 타파스 *식물성 음식 *저탄수화물식

재료(10개)_

양송이 10개

템페 잘게 썰어서 1컵

후추 약간

소금 약간

EVOO 1Ts

레몬 슬라이스

발사믹 식초

만들기_

1. 양송이는 기둥을 떼고 템페가 들어갈 공간을 만든다.

2. 오븐용 쟁반에 유산지를 깔고 버섯 기둥 자리가 위로 오게 뒤집어 담는다.

3. 공간 안에 잘게 자른 템페를 담고 EVOO과 소금, 후추를 뿌리고 레몬 조각을 올려 그릴이나 오븐에서 버섯에 즙이 생길 때까지 굽는다.

4. 발사믹 식초는 옵션이다.

템페 스터프드 주키니 *vegan + non vegan(버터, 요거트 포함)

재료(2~3인분)_

주키니 큰 것 1개
(속 재료)
1) 양파 70g, 셀러리 20g, 파슬리
10g, 마늘 1쪽, 찬 버터(또는
코코넛 오일) 1Ts,
빵가루 10g, 느타리버섯 30g,
템페 200g.

2) 요거트 50g, 전분 3Ts, 소금
1ts, 후추 적당량, 생쌀 3Ts.

(소스 재료)
1) 대파 150g(진한 초록 부분은
빼고 다짐), 마늘 1쪽, 양파 다진
것 ½컵.
2) 홀 토마토 건더기 2개 또는
중간 크기 생토마토 1개 다진 것,
EVOO 2Ts, 화이트와인 4Ts.
3) 플레인 요거트 ¼컵, 물 ¾컵,
쌀가루 또는 밀가루 1Ts.
4) 마스코바도 설탕 2ts , 소금
½ts,후추

주키니 큰 것 1개, 통밀가루, 소금,
오일, 타임 6줄기

만들기_

(속 만들기)
1. 냄비에 물이 끓으면 3Ts의 쌀과 소금 ¼ts을 넣고 10분 정도
끓여 쌀알이 반 정도 투명해지면 체에 걸러 흐르는 물에 헹구어
한쪽에 둔다
2. 속 재료 1)의 재료들을 커터기에 넣고 너무 문드러지지 않도록
주의해서 잘게 갈아 준다.(도마에서 다져도 되요)
3. 요거트와 전분 소금 후추 그리고 1의 쌀알도 넣고 잘 섞어
둔다.

(주키니에 속 담기)
1. 주키니는 껍질을 벗겨 4cm 두께로 동그랗게 잘라 씨 부분을
티스푼으로 파내고 속이 빈 형태로 만든다.
2. 주키니에 겉과 속에 소금을 살짝 뿌려두고 물기가 나오기
시작하면 위아래 부분에 밀가루를 묻혀 달구어진 팬에 노릇하게
구워둔다.
3. 구운 주키니에 만들어둔 속재료를 담아 주키니가 잠길 정도
깊이의 오븐 용기에 적당히 간격을 두고 담는다. 속은 주키니
높이보다 살짝 봉긋하게 올려주면 좋다.
4. 오븐을 180℃로 예열한다.

(소스 만들기)
1. 작은 그릇에 3)의 요구르트와 물 그리고 가루를 풀어 한쪽에
둔다.
2. 중불에 팬이 뜨거워지면 EVOO 2Ts을 두르고 대파와 마늘,
양파를 넣고 갈색이 나게 볶다가 다진 토마토, 와인, 마스코바도
설탕을 넣고 조려준다.

3. 조려진 소스에 1)의 개어둔 가루를 더하고 소금, 후추로 간을

하고 다시 걸쭉해질 때까지 저어준다.

4. 그릇에 준비된 주키니 위로 소스를 붓고 예열된 오븐에 넣어

40분 정도 구워 소스가 걸쭉해지고 쥬키니의 윗부분이 갈색이

나도록 구워준다.

Tip. 갈색을 내기 위해서는 마지막 10분 정도 동안 온도를 220℃

로 올리거나 오븐의 위 칸으로 이동시켜준다.

5. 오븐에서 꺼내 타임을 올려 낸다.

템페 리조또 *식물성 전환 가능 음식

재료(3~4인분)_

(버섯 육수)

건표고 30g, 손바닥 크기 다시마,

물 1L

쌀 250g

다진 템페 ½컵

사프란 약간 (없으면 치자 2알을

부수고 물100ml에 불려 그 물을

쓴다.)

설탕 ½ts

다진 양파 2Ts

버터 100g (*비건은 EVOO)

파마산치즈 100g (*비건은

뉴트리셔널 이스트 2ts)

마르살라 와인 2ts(없으면 레드

와인)

EVOO 약간

소금 ½ts

후추

만들기_

1. 냄비에 버섯 육수의 재료들을 담아 30분 정도 끓인 후 버섯과
다시마는 건져낸다.

2. 깊이가 있는 프라이팬에 다진 양파와 올리브오일을 넣고
볶다가 쌀과 템페를 넣고 잘 볶는다.

3. 2가 뜨거울 때 마르살라와 설탕을 넣어 증발시킨 후 뜨거운
육수를 조금씩 나누어 부어가며 익힌다.

4. 20분 정도 조리하여 쌀이 알덴테로 익었을 때 EVOO 약간과
뉴트리셔널 이스트(버터와 파마산치즈), 소금, 후추, 사프란을
넣고 노란색이 예쁘게 나도록 잘 젓는다.

5. 접시에 넓게 담고 위에 뉴트리션 이스트(치즈 가루)와
파슬리를 약간 뿌린다.

템페 크림 토마토 샐러드 *식물성 음식 *저탄수화물식

재료(2~4인분)_

완숙 토마토 2개

(드레싱)

오미자액 2Ts + 레몬즙 1Ts +

들기름1Ts + 다진 쪽파 +

다진 붉은 양파 3Ts + 다진

파프리카(노랑, 빨강) 2Ts

(비건 크림치즈)

아몬드 1컵: 생아몬드를 뜨거운

물에 5분 정도 불려두었다가

껍질을 벗기고 같은 물에 한 시간

정도 담가둔다.

물 1컵

템페 25g

소금 ½ts

EVOO 1Ts

레몬즙 2Ts

마늘 2쪽

후추

만들기_

1. 토마토를 두껍게 슬라이스 해서 큰 접시에 늘어놓는다.

2. 모든 드레싱 재료를 섞어 둔다.

3. 1의 토마토에 2를 골고루 섞어 냉장고에 보관한다.

4. 비건 크림치즈의 모든 재료를 곱게 갈아준다.

5. 곱게 간 비건 크림치즈를 접시에 깔고 그 위에 토마토를 적당히 올린 후 후추를 갈아 준다.

당근 템페 수프 * 식물성 식사

재료(2~3인분)_

당근 1컵

느타리버섯 ½컵

양파 ½컵

템페 ⅔컵

(모든 재료를 1cm 크기로 썰어

놓는다)

오트밀크 2컵

생귀리 가루 1½Ts

EVOO 1⅓Ts

레몬소금 ½ts

후추

타임 3줄

템페 3조각

만들기_

1. 팬을 달구어 템페를 올리고 소금을 약간 뿌려 갈색이 나게 앞뒤로 구워 한쪽에 둔다.

2. 작은 그릇에 오트밀크를 붓고 생귀리 가루를 풀어 둔다.

3. 작은 냄비에 오일을 두르고 중약불에 당근을 먼저 볶다가 숨이 죽으면, 양파, 느타리버섯, 타임 2줄기(잎은 역 방향으로 훑으면 쉽게 떨어진다)를 넣고 양파가 투명해질 때까지 볶는다.

4. 3에 오트밀크를 붓고 핸드블렌더로 곱게 간다.

5. 다시 약불에 올려 끓어오르면 2의 가루와 소금을 넣고 간을 맞추고, 밑이 눌러붙지 않도록 수저로 저으면서 3분 정도 끓인다.

6. 그릇에 담고 그릇 한쪽에 구운 템페와 타임 잎사귀를 올려주고 후추와 EVOO을 두른다.

템페 뇨끼

재료(3~4인분)_

감자 500g

밀가루 중력분 1⅓컵

달걀 1개 푼 것

소금 ⅔ts

곱게 다진 템페 ½컵+ 1Ts

파피씨드 1Ts

EVOO 적당량

만들기_

1. 감자를 190도의 오븐에서 45~ 50분 정도 굽거나 물에 삶는다.

2. 부드럽게 익힌 감자의 속을 수저로 파내어 굵은 체에 걸러준다.

3. 으깬 감자에 밀가루 1컵을 체에 내리고, 다진 템페 ½컵, 달걀 1개, 소금을 섞어 반죽을 만들어 밀대로 민다.

4. 적당한 크기로 잘라 모양을 낸다.

5. 끓는 소금물에 반죽을 넣고 떠오르면 30초 정도 후에 건진다.

6. 깊은 팬에 EVOO을 넉넉히 두르고 뜨거워지면 먼저 파피씨드와 다진 템페 1Ts를 넣고 볶은 다음 건져낸 뇨끼를 더해 잘 섞어 마무리한다.

3. —— 일식 템페 레시피

템페 차완무시 *저탄수화물식

재료(7~8인분)_

(채수 재료)

다시마 손바닥 크기 1장

건표고 3개

사케 $\frac{1}{2}$Ts

소금 $\frac{1}{4}$ts

물 2$\frac{1}{2}$컵

템페 30g

(템페 기본 조리 2번을 하고 얇은

사각형으로 자른다)

달걀 3개

(거품이 일어나지 않도록 곱게 잘

푼다)

생표고버섯 1개 슬라이스

만들기_

1. 채수 재료를 약불로 15분 정도 우려낸 뒤 재료는 건진다.

2. 풀어 둔 달걀에 식은 채수를 붓고 고운 체에 거른다.

3. 달걀물을 작은 그릇에 나누어 찜기에 담고 거의 익어갈 때 뚜껑을 열고 반쯤 익은 달걀물 위에 템페와 표고를 얹은 뒤 5분 정도 더 찐다.

4. 꼬챙이로 찔러 달걀물이 묻어나지 않으면 불을 끄고 상에 내기 전에 고수를 곁들인다.

템페가츠와 유자폰즈 *선택적 식물성 전환음식 *저탄수화물식

재료(3~4인분)_

템페 360g :

템페를 가로로 얇게 저며 2장으로
만들고, 기본템페 2 조리 방법으로
준비하되 조미료 양을 ½로
조절한다.

(튀김옷)

밀가루 10Ts

곱게 푼 달걀 또는 전분물(전분
8Ts : 물 6Ts) 두 가지 중에 한
가지 선택한다.

굵은 습식 빵가루

유자폰즈(디핑 소스)

미림 200ml

사케 200ml

진간장 150~200ml

다시마 2장

현미식초 200ml

유자즙 50ml

만들기_

템페가츠

1. 재워둔 템페를 건져서 밀가루를 충분히 묻혀주고 잘 털어
낸다.

2. 달걀옷 또는 전분물을 적신 후 빵가루를 손으로 누르듯
입히고 남은 것은 털어 낸 뒤 바로 기름에 넣어 표면이 갈색으로
바삭하게 될 때까지 튀긴다.

유자폰즈

1. 깊이가 있는 넓은 팬에 미림 200ml와 사케 200ml를 담고,
플람베(용액에 불을 붙여 알코올을 날려 주는 것) 한다.

2. 진간장 150~200ml와 다시마 2장을 넣고 약불에 끓인다.

3. 걸러내서 200ml 현미식초와 50ml 유자즙을 넣어 섞는다.

템페 가츠동 *저탄수화물식

재료(2인분)_

템페 180g,

소금, 후추, 타피오카 전분 6Ts,

빵가루 ½ 컵

양파, 양배추 슬라이스(너무 얇지

않게) 각 2컵,

오크라 동그랗게 슬라이스 3Ts,

대파 어슷썰어 1컵

달걀 2개(1개는 완전히 치고

1개는 노른자가 터질 정도만 살짝

풀어둔다.)

튀김용 기름 적당량

가니시용 쪽파 약간.

채수:

다시마 1장, 표고버섯 2개를

찬물에 한 시간 이상 우린 후,

다시마는 건져내고 한 번 끓여

둔다.

소스: 진간장 1Ts, 조청 1Ts,

레몬소금 1ts, 채수 1Ts.

만들기_

1. 템페는 3등분한 뒤 다시 얇게 반으로 가른다.

2. 템페에 소금과 후추로 밑간을 하고, 타피오카 전분 중에 2Ts를
덜어서 앞뒤로 묻힌다.

3. 나머지 타피오카 전분 4Ts은 물 3Ts과 섞어서 반죽물을
만들어 2를 적시고, 바로 빵가루를 묻힌다.

4. 진간장, 조청, 레몬소금을 섞어 소스를 만들어 둔다.

5. 중불에 튀김용 기름을 달구고 3의 템페를 갈색이 나게 튀겨
건진다.

6. 깊이가 약간 있는 팬을 중불로 달군 뒤 기름을 약간 두르고
양파와 대파 양배추를 볶아 숨이 살짝 죽으면 준비한 간장 소스를
붓고 두어 번 뒤적인다.

7. 튀긴 템페와 오크라를 6 위에 얹고 채수 ⅓컵을 부어 뚜껑을
닫고 국물이 끓어오르면 잘 풀어둔 달걀을 먼저 두르고, 노른자가
있는 달걀은 가운데 부분에 부어준 뒤 약불로 줄인다. 다시
뚜껑을 닫아 가운데 부어준 달걀이 익을 때쯤 불을 끈다.

8. 준비된 밥 위에 7을 얹고 다진 쪽파를 뿌린다.

동どん은 돈부리의 준말, 덮밥이라는 뜻

템페 가라아게 *식물성 음식 *저탄수화물식

재료(3~4인분)_

템페 180g

(한입 크기로 잘라 기본 템페 2

조리법으로 준비)

타피오카 전분 ½컵

(드레싱)

땅콩버터 2Ts + 레몬즙 3Ts +

마스코바도 3ts + 소금 ¼ts +

EVOO 1Ts + 진간장 1½ts

케이퍼 적당량

치커리 적당량

샤인머스켓 포도알 3등분

튀김용 기름 500ml

만들기_

1. 조리된 템페를 건져내서 타피오카 전분을 묻혀 한쪽에 둔다.

2. 작은 그릇에 모든 드레싱 재료를 잘 섞는다.

3. 다른 그릇에 남은 타피오카 가루와 같은 양의 물을 갠다.

4. 3에 준비된 1의 템페를 담가 반죽을 입히고 중약불로 달구어진 기름 팬에 반죽이 갈색이 날 때까지 튀겨서 건진다.

4. 템페를 접시에 담고 각각 슬라이스 한 포도와 치커리를 얹어준다.

5. 만들어 둔 땅콩소스를 뿌려준 뒤 케이퍼(재료설명 참조)를 한 알씩 올린다.

템페 쪽파 누타 *식물성 음식 *저탄수화물식

재료(3인분)_

(누타소스)

미소 1Ts

식초 2ts

마스코바도 2ts

참기름 약간

템페 50g

후추 약간

쪽파 한 줌

만들기_

1. 재료들을 잘 섞어 누타 소스를 만든다.

2. 템페는 한입 크기로 잘라 찜기에 찌거나 팬에 지진다.

3. 쪽파 한 줌을 끓는 물에 담갔다 바로 꺼내듯 살짝 데친 뒤 즉시
찬물에 헹구고 물기를 짠 뒤 먹기 좋게 썬다.

4. 템페와 쪽파, 누타 소스를 곁들여 담고 후추를 약간 뿌린다.

4. ——— 인도네시아식 템페 레시피

- ° 땅콩 소스 템페 스튜

- ° 템페 멘도안 샐러드

- ° 템페 사테

- ° 템페 마니스

- ° 인도네시안 땅콩 소스 가도가도

땅콩 소스 템페 스튜 *식물성 음식 *저탄수화물식

재료(2~3인분)_

템페 180g
밀가루

양배추(덩어리로 한 줌 정도 끓는
물에 살짝 데쳐 건지기)
감자(큰 것으로 1개. 껍질 벗기고
2~3등분 해서 양배추 데친 물에
데치기)

피망 $\frac{1}{2}$개(씨를 제거하고 4등분)
느타리버섯(1컵 분량을
두 덩어리로 나눈다.)
코코넛 오일 2Ts

(소스)
양파 1개 슬라이스
토마토 페이스트: 2ts
커리 가루 $\frac{1}{2}$ts
나머지 재료: 쪽파 2줄기, 마늘
1쪽, 다진 생강 $\frac{1}{2}$ts, 생로즈마리잎
1ts, 매운 고추 1개,
버섯 가루 1Ts,
소금 $\frac{1}{2}$ts, 토마토 중간 크기 1개,
붉은 파프리카 $\frac{1}{2}$개

땅콩버터 $\frac{1}{2}$컵(온수 2Ts을 더해
개어둔다.)
채소 데친 물 2컵

만들기_

1. 템페를 여섯 토막으로 잘라 기본 조리 1번 방법대로 10분 정도
조리하고 건져서 밀가루를 입힌다.
2. 달구어진 팬에 코코넛오일을 두르고 밀가루 입힌 템페를
갈색으로 튀긴다.
3. 템페를 건져내고 양배추와 느타리버섯도 양면을 지지고 따로
둔다.
4. 같은 팬에 슬라이스 한 양파를 갈색이 나게 볶다가 토마토
페이스트와 커리 가루를 더하고 조금 더 볶는다.
5. 소스의 나머지 재료들을 블렌더에 담아 곱게 갈아서, 양파가
있는 팬에 붓고 조린다.
6. 준비된 땅콩버터물도 끓고 있는 소스팬에 붓고 잠시 볶는다.
7. 템페와 감자, 양배추를 담는다.
8. 채소 데친 국물을 포함해 물 2컵을 팬에 붓고 중불로 감자가
익을 때까지 조려낸다. 피망, 버섯은 감자가 다 익으면 더한다.
9. 밥에 곁들인다.

템페 멘도안 샐러드 *식물성 식사 *저탄수화물식

재료(2~3인분)_

(샐러드 채소)

체 썬 양배추, 체 썬 빨간 파프리카

1컵씩

(드레싱 재료)

두유 195ml

콩기름 ½ 컵

레몬즙 3Ts

식초 2ts

소금 2ts정도

아가베 시럽 또는 조청 3Ts

뉴트리셔널 이스트 3ts

(튀김 재료)

템페 180g, 다진 청양고추1Ts,

채썬 대파 2Ts,

튀김 가루. 튀김용 기름

만들기_

1. 드레싱 재료들을 블렌더에 넣고 잘 섞어 냉장고에 둔다.

2. 템페를 이등분하고 그것을 다시 얇게 3등분 해서 8개의
조각으로 만든 뒤 소금, 후추와 밀가루를 뿌린다.

3. 양배추, 빨간 파프리카를 얇게 슬라이스 하고 찬물에 담갔다가
물기를 빼준다.

4. 튀김 가루에 물을 적당히 붓고 반죽을 만든다.

5. 반죽에 다진 고추와 대파를 섞고 템페를 적셔서 튀긴다.

6. 준비된 양배추와 파프리카에 드레싱을 뿌리고, 튀긴 템페
멘도안을 곁들여 낸다.

템페 사테 *식물성 식사 *저탄수화물식

재료(2인분)_

템페 180g

느타리버섯 적당량

진간장 1Ts

사과즙 2Ts

(소스 재료)

식용유 3Ts, 생땅콩 100g,

마늘 3쪽, 샬롯 4개 또는 붉은

양파 반 개 다지기, 팜슈가 또는

마스코바도 2Ts, 다진 생강 2Ts,

물 ½컵, 붉은 고추 굵게 다진 것

3Ts

물1컵

소금 ½Ts, 마스코바도 설탕 1Ts,

라임 1개 슬라이스.

(튀긴 마늘 칩)

마늘 5쪽을 얇게 슬라이스해서

소금을 약간 뿌려 물기가 나면

행주로 물기를 제거하고, 뜨거운

기름에 바삭하게 튀긴다.

만들기_

1. 템페와 느타리버섯을 꼬치에 낄 수 있는 두께로 썰어서 그릇에 담고 간장과 사과즙에 무쳐 꼬치에 꽂는다.

2. 템페를 직화 불에 겉이 바삭하게 굽는다.

3. 팬에 식용유를 넣고 설탕과 물을 제외한 소스 재료(땅콩, 고추, 마늘, 샬롯, 생강)를 담고 갈색이 나게 튀긴다.

4. 3을 블렌더에 옮겨 물 1컵과 같이 곱게 갈아주고 냄비에 옮겨 중불로 끓인다.

5. 소금, 설탕으로 간을 하고 걸쭉해지면 불을 끈다.

6. 접시에 소스를 담고 2의 구운 꼬치와 슬라이스 한 라임을 올린 다음 튀긴 마늘 칩을 뿌린다.

템페 마니스 *식물성 식사 *저탄수화물식

재료(3~4인분)_

템페 180g
(3cm 길이로 얇게 슬라이스)

(채소)
붉은 양파 1개 슬라이스
다진 마늘 1ts
청양고추 슬라이스 1Ts
다진 생강 1ts
월계수잎 1장

(소스)
케첩마니스 2Ts
진간장 1Ts
마스코바도 1Ts
애플사이다 식초 ½Ts
소금 ½ts

식용유

만들기_

1. 깊은 프라이팬에 기름을 충분히 끓여서 슬라이스 한 템페를 바삭하게 튀겨 건진다.

2. 같은 팬에 기름을 따라내고 채소 재료를 볶는다.

3. 소스 재료를 넣고 조린다.

4. 튀긴 템페를 넣고 충분히 볶는다.

인도네시안 땅콩 소스 가도가도 *식물성 식사 *저탄수화물식

재료(3~4인분)_

숙주 한 줌

청경채 2개

템페 70g

코코넛 오일 약간

생땅콩 100g

식용유 3Ts

가는 쌀국수

소금 1½ts

후추

라임 1개 슬라이스

(재료 1)

마늘 3쪽, 샬롯 4개 또는 붉은

양파 반 개 다지기, 팜슈가 또는

마스코바도 2Ts, 다진 생강 2Ts,

물 ½컵, 붉은 고추 굵게 다진 것

1Ts

(재료 2)

케찹 마니스 1½Ts, 코코넛 밀크

2Ts, 물 1컵

만들기_

1. 숙주와 청경채를 각각 따로 데친 뒤 찬물에 헹구어 물기를 짜서 한쪽에 둔다.

2. 템페는 넓게 썰어서 코코넛오일에 튀겨 소금을 뿌려둔다.

3. 쌀국수는 뜨거운 물을 부어 불린 뒤 찬물에 헹구어 체에 받쳐둔다.

4. 팬에 식용유를 넣고 땅콩 표면이 갈색으로 변하도록 그러나 타지 않게 조심하면서 튀겨낸 후 기름을 걸러둔다.

5. 블렌더에 재료 1(고추, 마늘, 샬롯, 팜슈가, 생강, 물 반 컵)을 담고 4의 튀겨낸 땅콩을 담고 같이 곱게 갈아 페이스트를 만든다.

6. 팬에 5의 페이스트를 옮겨 담고 졸여주다가 재료 2(케찹마니스와 코코넛 밀크)를 더해 진한 맛을 내고 여기에 다시 물 1컵을 붓고 끓이면서 농도를 조절하고 소금과 후추로 간을 한다.

7. 원하는 농도를 만든 후 국수와 채소가 담긴 그릇에 담고 템페를 올리고 라임 주스를 뿌려 먹는다.

튀긴 템페를 찍어 먹는 소스로 써도 된다.

템페 가라아게

재료(3~4인분)

만들기

5. ——— 중식 템페 레시피

템페 오이 냉채 *식물성 식사 *저탄수화물식

재료(2~3인분)_

백 오이 큰 것 1개

대파(흰 부분 한 뼘 길이)

템페 30g

(드레싱)

마스코바도 설탕 1½ Ts

현미 식초 4Ts

진간장 ½~1ts

마늘 5~6쪽 다져서 2Ts

레몬소금 1ts

산초 가루 ¼ts

참기름 ½ts

고추기름 1ts

빨간 고추 ½개(다지기)

만들기_

1. 템페를 끓는 물에 잠깐 데쳐서 꺼내 식히고, 2cm 길이로 얇게 채 썰어 큰 그릇에 담는다.

2. 오이는 칼을 눕히거나 방망이로 두드려 부스러뜨리고 길게 2등분 한 뒤, 먹기 좋은 크기로 잘라 1의 그릇에 담는다.

3. 대파도 길게 2등분 한 뒤 길고 얇게 채 썰어 담고 템페, 오이와 잘 섞어 놓는다.

4. 다른 그릇에 드레싱 재료들을 잘 섞어 3에 적당히 뿌리고 재료와 드레싱을 잘 섞는다.

5. 넓은 접시에 옮겨 담고 남은 드레싱의 마늘을 위에 좀 더 올려낸다.

템페 유린기 *저탄수화물식

재료(2~3인분)_

템페 180g

후추 약간

굴소스 $\frac{2}{3}$Ts

(반죽)

전분 $\frac{1}{2}$컵 + 물 1ts + 달걀 1개

풀어서 $\frac{1}{2}$만 사용

(채소)

대파 다진 것 3Ts, 양상추 채 썬 것
2컵, 샐러드용 새싹 $\frac{1}{2}$컵, 풋고추
다진 것 $\frac{1}{2}$컵, 고수잎 3Ts

(드레싱)

유자간장 1Ts + 참기름 $\frac{1}{4}$ts

* 유자간장이 없을 때 물 1컵 +
간장 4Ts + 설탕 5개 + 식초 6Ts
+ 참기름 1ts

만들기_

1. 템페를 가로로 넓게 2등분 하고 다시 3등분으로 자른 뒤
후추 약간과 굴소스를 뿌려준다.

2. 대파는 찬물에 담갔다가 체에 받쳐 따로 두고, 나머지 채소도
준비한다.

3. 반죽 재료를 템페 위에 올려 잘 묻혀준다.

4. 3의 템페를 기름에 바삭하게 튀겨 접시에 담는다.

5. 2에서 준비된 채소를 준비된 드레싱 섞어 템페 위에 적당히
올린다.

오향장 템페 *저탄수화물식

재료(4~5인분)_

달걀 5개

템페 150g

(조림 소스)
진간장 ½컵, 설탕 1Ts,
랍상소우총 찻잎 2Ts, 팔각 1개,
정향 2알, 물 2½컵

(채소)
당근, 마 : 한입 크기로 잘라 끓는
물에 데친다.

양상추 2컵 : 큼직하게 조각내
씻어둔다.

만들기_

1. 달걀이 잠길 만한 깊이의 냄비에 달걀 5개와 물을 담고, 물이
끓어오르면 불을 줄여 9~10분 정도 삶은 다음 찬물에 담가
식으면 껍질을 벗기지 말고, 숟가락 끝부분으로 두드려 달걀의
속껍질까지 균열이 가도록 골고루 깨뜨린다.

2. 템페는 여섯 조각으로 자른다.

3. 소스팬에 조림 소스 재료들을 넣고 끓으면 불을 줄여서 15분
정도 달인다.

4. 달걀과 템페와 당근을 3의 소스에 담아 한소끔 끓으면 불을
끈다.

5. 남은 채소를 더해 그대로 하룻밤 소스에 담가둔다. 이때
냉장고에 넣지 말아야 한다.

6. 접시에 양상추를 깔고, 껍질을 벗긴 달걀과 템페, 당근, 마를
적당히 담는다.

향기로운 장이 대리석 무늬처럼 스며드는 달걀 장조림

마파 연두부 템페 *식물성 음식 *저탄수화물식

재료(3인분)_

연두부 2팩

다진 템페 90g

(채소)

대파 1컵 + 2Ts, 느타리버섯

$\frac{1}{4}$컵, 데친 완두 1Ts, 굵게 다진

붉은 고추(매운 것이 싫으면 붉은

파프리카 2Ts)

다진 마늘 1Ts, 다진 생강 $\frac{2}{3}$ts.

고추기름 3Ts(기본 조리편에

있음)

맛술 1Ts, 진간장 $\frac{1}{2}$Ts,

전분물(전분 가루 1 : 물 1) 1Ts,

두반장 3Ts

다시마 육수 1.5컵

(물 2컵에 손바닥만 한 다시마를

하룻밤 불려두었다 다시마를

건진다.)

만들기_

1. 연두부는 도마에 올려 적당한 크기의 주사위 모양으로 자르고, 끓는 물에 조심스럽게 넣어 데친 후 체에 건져둔다.

2. 프라이팬을 중간불에 달구어 고추기름을 두르고 다진 템페를 볶는다.

3. 2에 대파, 고추, 다진 마늘, 느타리버섯, 완두, 생강, 진간장과 맛술을 더해 볶아준다.

4. 대파가 살짝 숨이 죽으면 데쳐둔 연두부와 다시마 육수를 붓고 불의 세기를 강으로 높여준다.

5. 4에 바로 두반장을 풀어 끓인다. 끓어오르면 불의 세기를 줄이고 두부가 부서지지 않게 두부 위로 국물을 끼얹는다.

6. 국물이 적당히 남아 있을 때 전분물을 넓게 흘리며 풀고, 다시 한번 국물을 두부 위로 끼얹듯 저으면서 마무리한다.

깐쇼 템페 *저탄수화물식

재료(2~3인분)_

템페 200g
(손가락 두 마디 정도 길이로
썰기)

감자 전분 100g + 물
달걀 1개

대파 흰 부분 다져서 2Ts
다진 마늘 1Ts
다진 생강 ⅓Ts
완두콩 데친 것 20알
청가시오이 ⅓개 슬라이스
파슬리 50g 장식용
토마토 ½개 슬라이스 장식용

(소스)
이금기두반장 ½Ts
토마토케첩 3Ts
식초 1Ts
설탕 4Ts
소금 약간
물 ¾컵

(물전분)
감자전분 ½Ts + 물 2Ts

참기름 조금
식용유 튀김용
고추기름 3Ts

만들기_

1. 감자 전분을 물에 녹여 가라앉으면 물을 따라 버리고 풀어둔
달걀 ⅓만 섞어 부드럽게 반죽한다.
2. 템페를 1의 반죽에 버무려 입히고 노릇하게 두 번에 걸쳐
튀긴다.
3. 소스의 재료를 섞는다.
4. 팬에 고추기름과 채소 재료인 파, 마늘, 생강, 두반장을 넣어
볶아 파 향이 나면 3의 소스 재료를 넣고 끓여 주며 소금으로 간을
맞추고, 물전분을 조금씩 넣으며 농도를 맞춘다.
5. 노릇하게 튀겨진 템페와 완두콩을 넣고 소스에 버무린다.
6. 참기름을 넣어 요리를 마무리한다.
7. 접시에 준비된 오이를 깔고 완성된 음식을 담는다. 파슬리로
장식한다.

6.   남미식 템페 레시피

° 템페 스터프드 피망

° 멕시칸 템페 크로켓

° 바비큐 템페

° 그린 템페 살사 샐러드

템페 스터프드 피망 *식물성 음식 *저탄수화물식

재료(8개)_

피망 8개

EVOO 1Ts

(템페 조림 재료)

템페 200g

무가당 100% 사과 주스 ½컵

진간장 2Ts

디종 머스타드 2ts

월계수잎 1장

(속 재료)

조린 템페

EVOO 3Ts

다진 쪽파 2~3Ts

당근 굵게 다져서 ½컵

소금 1ts

훈제 파프리카 2ts

큐민 파우더 2ts

다진 마늘 1Ts

토미토 1개

(씨 부분은 빼고 다져서 약 ½컵)

삶은 퀴노아 ¼컵

(퀴노아 1컵을 1½ 컵의 물에 삶고

¼컵만 덜어서 사용)

만들기_

1. 오븐을 섭씨 180도로 예열한다.

2. 피망에 EVOO을 발라 유산지를 깐 오븐 쟁반에 올리고 예열된 오븐에 넣어 약 15분에서 20분 정도 표면이 부풀어 올라 주름이 생길 때까지 굽는다.

3. 피망을 오븐에서 꺼내어 그릇에 옮겨 담고 뚜껑을 덮고 10분 정도 둔다.

4. 피망을 꺼내서 피망의 옆구리를 칼로 열어 씨 부분만 꺼내어 제거한다.

(템페 조림)

1. 모든 재료를 작은 소스 냄비에 넣고 뚜껑을 덮지 않은 채로 20분 동안 끓인다.

2. 조려진 템페를 꺼내 식힌 뒤 손으로 잘게 부순다.

(피망 속)

1. 작은 팬에 기름 1Ts을 달구고, 파와 당근을 넣고 불을 낮춘다. 소금, 파프리카, 큐민을 넣는다. 당근이 부드러워지면 마늘 다진 것을 넣는다.

2. 토마토를 넣고 1~2분 정도 더 익힌다. 볶아진 재료를 다른 그릇으로 옮긴다.

3. 같은 팬에 남은 2Is의 기름을 넣고 기름이 달구어지면 부서진 템페를 넣고, 중간 불에서 갈색이 될 때까지 볶아준다.

4. 볶아진 템페를 2의 그릇으로 옮기고 삶은 퀴노아도 더해 다시 적당히 간을 맞춘다.

5. 피망마다 준비된 속을 채운다.

6. 속을 채운 피망을 오븐에 넣어 따뜻하게 다시 데운 뒤 그릇에 낸다.

멕시칸 템페 크로켓 *식물성 음식

재료(16개)_

밤고구마 큰 것 1개

바나나 딱딱한 것 1개

EVOO 3Ts

양파 작은 것 1개(다지기)

소금 ¼ts

큐민 파우더 ¾ts

계피 가루 ½ts

훈제 파프리카파우더 ¾ts

펜넬 파우더 ½ts

다진 마늘 2Ts

파인애플 230g

(작은 도막으로 썰기)

큰 사이즈 토르티야 2장

(바삭바삭해질 때까지 굽고 거친

가루로 부순다. 없으면 빵가루 1컵

사용)

템페 110g 다진 것

타히니 2Ts

EVOO 1Ts

만들기_

1. 오븐을 섭씨 180도로 예열한다.

2. 밤고구마를 중간 불에서 반쯤 물러질 때까지만 삶아 껍질을 벗기고 포크로 으깬다.

3. 프라이팬에 기름을 가열하고 양파, 소금, 큐민, 계피, 파프리카, 그리고 펜넬을 넣은 다음 양파가 부드러워지기 시작하면 마늘과 파인애플을 넣고 마늘이 부드러워질 때까지 더 볶아주고 2에 붓는다.

4. 토르티야 가루와 템페, 타히니와 바나나를 넣고 크로켓 모양을 만들 수 있는 부드러운 상태가 되게 섞는다.

5. 작은 국자로 반죽을 떠서 크로켓 모양을 빚은 다음. 앞뒤로 EVOO을 바른다.

6. 예열된 오븐에 넣어 7~10분 동안 굽고 황금빛이 되면 뒤집어 다시 7~10분 더 굽는다.

7. 과카몰레와 같이 낸다.

*과카몰레 만들기

아보카도 2개

라임즙(또는 레몬즙) 3Ts

다진 양파 2Ts

풋고추 1개(씨 빼고 다지기)

다진 마늘 1Ts

토마토 큰 것 1개(씨를 발라내고 먹기 좋게 다지기)

소금 후추 약간씩.

고수잎 다져서 2Ts

1. 아보카도는 껍질을 벗기고 과육을 발라 살짝 으깬다.

1. 중간 크기 그릇에 아보카도와 라임 주스를 넣고 잘 섞는다.

2. 양파, 다진 고추, 다진 마늘, 다진 토마토를 넣고 섞어준다.

3. 소금간을 하고 다진 고수잎을 뿌려준다.

바비큐 템페 *식물성 음식 *저탄수화물식

재료(4인분)_

템페 360g

현미유 2Ts

(소스)

EVOO 2Ts

마늘 2쪽 다지기

타바스코소스 1ts

조청 $\frac{1}{2}$Ts

메이플시럽 1Ts

디종머스터드 $\frac{1}{2}$ Ts

토마토퓌레 1컵

100% 사과 주스 4TS

현미식초 $\frac{1}{2}$ TS

큐민 파우더 1ts

레몬소금 1ts

스모크 파프리카 파우더 1ts

만들기_

1. 템페를 손가락 길이로 잘라 현미유를 바른다.

2. 그릴을 달구어 템페 표면이 갈색 자국이 나게 굽는다.

3. 팬에 모든 소스 재료를 담고 구운 템페를 담아 조린다.

4. 소스가 반쯤 조려지면 템페를 건져 접시에 옮기고 남은 소스를
마저 진하게 조린 다음 템페 위에 뿌려준다.

그린 템페 살사 샐러드 *식물성 식사 * 저탄수화물식

재료(3인분)_

단단한 백오이 1개

참외 중간 크기 1개

푹 삶은 완두콩 1컵

후무스–

아보카도 1개

마늘 1쪽

레몬즙 1 $\frac{1}{2}$ Ts

템페 다진 것 $\frac{1}{2}$ 컵

레몬소금 1ts

후추

EVOO 약간

소금 약간

만들기_

1. 오이는 반으로 갈라 티스푼으로 씨를 파내고, 얇게 슬라이스 해서 소금 $\frac{1}{4}$ts을 뿌려둔다.

2. 참외는 껍질을 완전히 벗기지 말고 깎은 뒤 씨를 파내고 오이보다 약간 두껍게 슬라이스 해둔다.

3. 후추를 제외한 후무스 재료들을 블렌더에 넣어 곱게 갈아준다.

4. 절인 오이를 체에 받쳐 물기를 빼주고, 종이 타월 위에 놓고 물기를 없앤다.

5. 볼에 모든 재료를 담고 섞는다. 이때 후추를 취향대로 갈아 넣어준다

6. 잘 섞인 샐러드를 접시에 옮기고 올리브오일을 고루 뿌려준다.

7.　　　　　　　　　　──────　디저트 & 음료 레시피

황금 강황 우유 *식물성 음료 *저탄수화물 음료

재료(5컵)_

데친 아몬드 2컵

생강황 또는 울금 50g

생강 25g

물 5컵

흑후추 ⅛ts

계피 가루 ⅛ts

메이플시럽 1Ts

템페 가루 1Ts

만들기_

1. 데친 아몬드, 강황, 생강, 물을 블렌더에 넣고 곱게 갈아 가는 체에 거른다.

2. 걸러낸 것을 냄비에 담고 중약불에서 끓여 맛이 우러나도록 한다.

3. 불을 끄고 템페 가루, 흑후추, 계피 가루, 메이플시럽을 넣어 맛을 낸다.

템페 크림컵

재료(8인분)_

(재료 1)

당근 4개분의 당근 펄프, 압착귀리
1컵, 호두(불려서 볶은 것) 1컵,
채 썬 코코넛 플레이크 1컵, 곶감
2컵(4~5개), 건포도 1컵,
계피 가루 2ts, 생강 가루 2ts,
넛맥 1ts

(재료 2)

물에 불린 캐슈 2컵, 물1/2컵,
소금 ¼ts, 레몬즙 4Ts,
바닐라 에센스 2ts, 템페 50g,
버섯 가루 1Ts

(장식 재료)

계절 과일, 블루베리 ½컵

만들기_

1. 재료 1을 잘 섞이도록 비빈다.

2. 재료 2를 블렌더로 곱게 간다.

3. 과일을 컵에 담고 1을 채운다.

4. 2의 크림을 덮고, 블루베리를 올린다.

템페 캐슈크림 *이유식

재료(3~4인분)_

캐슈너트 2컵

바닐라 엑스트랙트 2ts

생꿀이나 아가베시럽 2Ts

소금 $\frac{1}{8}$ts

물 $\frac{1}{4}$~$\frac{1}{2}$컵

템페 가루 1Ts

만들기_

1. 캐슈너트 2컵을 온수에 3시간 정도 불린다.

2. 불린 캐슈너트와 모든 재료를 블렌더에 담아 곱게 갈아준다.

샐러드드레싱이나 빵에 발라 먹는 스프레드

템페 스무디 1 *식물성 식사 *이유식

재료(2~3인분)_

사과 40g

블루베리 20g

오트밀 밀크 $\frac{2}{3}$컵

소금 $\frac{1}{8}$ts

템페 가루 2ts(생 템페 20g)

바나나 한 개(100g)

만들기_

준비한 재료를 모두 블렌더에 넣고 곱게 간다.

템페 스무디 2 *식물성 식사 *이유식

재료(2~3인분)_

붉은 파프리카 1개

딸기 10알

두유 360ml

템페 다진 것 1컵

(원하면 넣을 수 있는 옵션 : 소금

약간, 아가베시럽, 카엔페퍼 약간)

만들기_

준비한 재료를 모두 블렌더에 넣고 곱게 간다.

템페 스무디 3 *식물성 식사 *이유식

재료(2~3인분)_

당근즙 2컵(당근 5개)

템페 100g

마 150g

레몬즙 1ts

소금 약간

만들기_

당근즙과 템페, 마를 블렌더에 담고 곱게 간다.

템페 스무디 4 *식물성 식사 *이유식

재료(2~3인분)_

비트 200g

바나나 2개

템페 70g

물 적당량

만들기_

1. 물 200ml에 비트를 데친다. (물은 버리지 않고 쓴다.)

2. 모든 재료를 블렌더에 넣고 간다.

템페 비트 수프 2 *식물성 음식 *저탄수화물식 *이유식

재료(2~3인분)_

비트 1개

물 300ml

생강 10g 다지기

대파 흰 부분 25g 다지기

템페 잘게 썰어 데친 것 ⅓컵

두유 160ml

레몬소금 ½ts

오렌지 ½개 즙

집간장 ½ts

계피 가루 넛맥 약간(이유식인

경우 제외)

귀리 가루 1Ts + 물 3Ts

만들기_

1. 비트를 껍질 벗기고 푹 삶아 둔다.

2. 대파와 생강을 현미유에 향이 우러나게 볶아 비트 냄비에 넣고
곱게 갈아준다.

3. 거기에 템페를 넣고 물에 푼 귀리 가루와 두유를 넣고 소금과
간장으로 간을 맞추고 저으면서 끓인다.

4. 다 끓으면 계피 가루와 넛맥, 레몬즙(오렌지즙)을 첨가한다.

THANKS TO

음식이 담긴 그릇들은 제주 출신 도예가 세 분의 작품들입니다.

백자 @koyo_ceramic

고용석_중앙대학교와 동경예술대학교에서 도예를 전공하고, 고향으로 돌아와 전통백자의 현대적 변용과 제주의 맑은 바다 빛을 백자의 질감으로 구현하는 작업에 매진하고 있다. 브랜드 고요 한도자기를 운영하고 중앙대학교 도예전공강사로 활동 중이다.

검은 옹기 @jejuclay_lab

김경찬_특유의 색감과 질감을 가지면서도 강도가 좋고 얇은 자신만의 작품세계를 구현하기 위해 오랜 기간 제주점토를 연구해 오고 있다. 강도는 온도가, 색은 연기가 만들어 주었다고. 소라껍데기, 미역, 화산송이 같은 제주의 재료를 적극 활용하며 뉴웨이브적이면서도 전통에 뿌리를 둔 제주옹기를 제안한다.

옹기 @damsaepul

현미정_90년도에 전남 옹기공장에서 판성형과 쌈질을 배우고 제주의 전통 옹기제작 방법에 이를 접목한 작업을 해오고 있다. 이름처럼 자연친화적이고 아름다운 정원을 가진 옹기공방 담새풀을 운영한다.

사진 촬영

최도아 @dopahya

사진과 영상, 디자인 작업을 아우르는 프리랜서.

대리석 배경

현대백화점그룹 친환경 건사재 기업

현대 L&C, 칸스톤. @hyundailnc_official